21世纪高等学校计算机专业实用规划教材

JavaScript前端开发入门

◎ 吕云翔 罗 琦 编著

清华大学出版社
北京

内 容 简 介

本书深入浅出地介绍了 JavaScript 的特征、语法、高级用法和其非常流行的 jQuery 函数库，其中高级用法包括了 JavaScript 中的两大对象模型和事件驱动。本书提供了大量的示例代码，方便读者学习 JavaScript 代码在实际开发中的使用方法。

全书共分 6 章：第 1 章介绍了 JavaScript 这门语言，着重介绍 JavaScript 语言本身，包括其历史和特点；第 2 章为基础篇，详细讲解了 JavaScript 语言的基本语法；第 3 章介绍了 JavaScript 语言中核心的部分，并给出大量的示例代码；第 4 章介绍了 JavaScript 动态页面的生成，基于 HTML 页面，介绍了 JavaScript 的两大对象模型、事件驱动以及实现动画效果的方法；第 5 章讲述了 AJAX 的用法，并给出实例；第 6 章介绍了流行的 jQuery 库的使用方法。

本书适合作为具有 HTML 和 CSS 以及基本编程语言基础的高等院校计算机、软件工程专业高年级本科生、研究生的教材，同时可供对 JavaScript 比较熟悉并且对软件建模有所了解的开发人员、技术人员和研究人员参考。

图书在版编目（CIP）数据

JavaScript 前端开发入门 / 吕云翔，罗琦编著.—北京：清华大学出版社，2019
（21 世纪高等学校计算机专业实用规划教材）
ISBN 978-7-302-51690-3

Ⅰ.①J…　Ⅱ.①吕…　②罗…　Ⅲ.①JAVA 语言－程序设计－高等学校－教材　Ⅳ.①TP312.8

中国版本图书馆 CIP 数据核字（2018）第 265427 号

责任编辑：付弘宇　薛　阳
封面设计：刘　键
责任校对：焦丽丽
责任印制：丛怀宇

出版发行：清华大学出版社
网　　址：http://www.tup.com.cn, http://www.wqbook.com
地　　址：北京清华大学学研大厦 A 座　　邮　　编：100084
社 总 机：010-62770175　　邮　　购：010-62786544
投稿与读者服务：010-62776969，c-service@tup.tsinghua.edu.cn
质量反馈：010-62772015，zhiliang@tup.tsinghua.edu.cn
印 装 者：三河市少明印务有限公司
经　　销：全国新华书店
开　　本：185mm×260mm　　印　　张：13.5　　字　　数：326 千字
版　　次：2019 年 9 月第 1 版　　印　　次：2019 年 9 月第 1 次印刷
印　　数：1～1500
定　　价：39.00 元

产品编号：077574-01

出版说明

随着我国改革开放的进一步深化，高等教育也得到了快速发展，各地高校紧密结合地方经济建设发展需要，科学运用市场调节机制，加大了使用信息科学等现代科学技术提升、改造传统学科专业的投入力度，通过教育改革合理调整和配置了教育资源，优化了传统学科专业，积极为地方经济建设输送人才，为我国经济社会的快速、健康和可持续发展以及高等教育自身的改革发展做出了巨大贡献。但是，高等教育质量还需要进一步提高以适应经济社会发展的需要，不少高校的专业设置和结构不尽合理，教师队伍整体素质亟待提高，人才培养模式、教学内容和方法需要进一步转变，学生的实践能力和创新精神亟待加强。

教育部一直十分重视高等教育质量工作。2007 年 1 月，教育部下发了《关于实施高等学校本科教学质量与教学改革工程的意见》，计划实施“高等学校本科教学质量与教学改革工程（简称‘质量工程’）”，通过专业结构调整、课程教材建设、实践教学改革、教学团队建设等多项内容，进一步深化高等学校教学改革，提高人才培养的能力和水平，更好地满足经济社会发展对高素质人才的需要。在贯彻和落实教育部“质量工程”的过程中，各地高校发挥师资力量强、办学经验丰富、教学资源充裕等优势，对其特色专业及特色课程（群）加以规划、整理和总结，更新教学内容、改革课程体系，建设了一大批内容新、体系新、方法新、手段新的特色课程。在此基础上，经教育部相关教学指导委员会专家的指导和建议，清华大学出版社在多个领域精选各高校的特色课程，分别规划出版系列教材，以配合“质量工程”的实施，满足各高校教学质量和教学改革的需要。

本系列教材立足于计算机专业课程领域，以专业基础课为主、专业课为辅，横向满足高校多层次教学的需要。在规划过程中体现了如下一些基本原则和特点。

（1）反映计算机学科的最新发展，总结近年来计算机专业教学的最新成果。内容先进，充分吸收国外先进成果和理念。

（2）反映教学需要，促进教学发展。教材要适应多样化的教学需要，正确把握教学内容和课程体系的改革方向，融合先进的教学思想、方法和手段，体现科学性、先进性和系统性，强调对学生实践能力的培养，为学生知识、能力、素质协调发展创造条件。

（3）实施精品战略，突出重点，保证质量。规划教材把重点放在公共基础课和专业基础课的教材建设上；特别注意选择并安排一部分原来基础比较好的优秀教材或讲义修订再版，逐步形成精品教材；提倡并鼓励编写体现教学质量和教学改革成果的教材。

（4）主张一纲多本，合理配套。专业基础课和专业课教材配套，同一门课程有针对不同层次、面向不同应用的多本具有各自内容特点的教材。处理好教材统一性与多样化，基本教材与辅助教材、教学参考书，文字教材与软件教材的关系，实现教材系列资源配套。

（5）依靠专家，择优选用。在制定教材规划时要依靠各课程专家在调查研究本课程教材建设现状的基础上提出规划选题。在落实主编人选时，要引入竞争机制，通过申报、评审确定主题。书稿完成后要认真实行审稿程序，确保出书质量。

繁荣教材出版事业，提高教材质量的关键是教师。建立一支高水平教材编写梯队才能保证教材的编写质量和建设力度，希望有志于教材建设的教师能够加入到我们的编写队伍中来。

21世纪高等学校计算机专业实用规划教材

联系人：魏江江 weijj@tup.tsinghua.edu.cn

前　言

在如今这个互联网飞速发展的时代，网站开发几乎成了每一个程序员的必会技能。众所周知，Web 开发分为前端开发和后端开发，而前端开发需要用的技术主要分为 3 部分，分别是 HTML、CSS 和 JavaScript。前两者的最终目标是设计出符合功能需求且美观的页面，主要任务是将美工设计好的 UI 和页面样式通过代码转换成能够被浏览器显示出来的网页；而 JavaScript 则是负责让这个页面动起来，本书介绍的 JavaScript 能够让页面在不涉及与数据库进行数据交换的情况下实现一些基本的逻辑以及动态效果，至于后端的 node.js 部分将不会涉及。

在 Web 开发中，对于后端语言我们有很多的选择，不会只局限于 Java 或者 PHP，因为还有很多同样优秀的后端语言（如 Python、node.js）可供使用。同样，我们还可以选择 ASP.NET，但是唯一没法选择的就是前端的 HTML+CSS+JavaScript。因此 JavaScript 可以算是所有网站开发领域内的程序员必会的一门语言，而且它不仅仅能够实现一些前端的逻辑，AJAX 技术甚至可以利用 XML 在不重载页面的情况下与服务器进行数据交换。一名优秀的 JavaScript 开发者不但可以做出十分友好的界面和精彩的动态效果，还能够大大减轻服务器的压力。

为了让 JavaScript 初学者能够快速熟悉这门语言，在阅读了很多市场上 JavaScript 的书籍并参考了很多网上的教程后，结合在之前的前端开发中获得的经验，我们编写了本书。希望能提供给读者真正实用的 JavaScript 知识和技巧。对比其他 JavaScript 教材，本书在以下几个重要方面有突出特色。

（1）**目标针对性强**：本书针对具有一门编程语言基础且掌握基本的 HTML 和 CSS 知识并想要学习 JavaScript 的读者，旨在让有一定程序编写能力，想要学习网站前端开发的初学者能够快速入门 JavaScript，并能在短时间内了解到网站开发中常用的 JavaScript 知识，为今后的课程学习和职业前途打下坚实的基础。

（2）**结构合理，引人入胜**：本书结构安排合理，由浅入深，先从读者了解的编程语言的基本语法入手，通过对比体现出 JavaScript 的特点，而不是填鸭式地推出它们。在简要介绍 JavaScript 的基本语法后，通过提出一个现实需求，引发读者的思考。之后通过展示并讲解 demo 代码，来让读者更好地理解并能在实践中运用。

（3）**理论结合实践**：本书用实例讲授知识点，不局限于枯燥的理论介绍。在讲解 JavaScript 的基本语法和框架的过程中穿插进一个个实际的软件开发样例，从实际中体会 JavaScript 在前端开发中发挥的作用，加深对语法知识的印象。读者通过将书中代码手敲一遍或仿照书中实例自己编写小型网页进行练习，可切实强化编码能力，提高对网站逻辑的分析及设计能力，真正回归语言学习的真谛。

（4）**注重实用性，能够快速上手**：本书编写的初衷是想让 JavaScript 的初学者能够快速上手并运用于实践中，因此我们讲解的语法知识都是在实际网站开发中经常会用到的，有些冷僻的或者开发中不常用的内容可能不会涉及。所以本书可能不是一本面面俱到的教材，但是一定会是一本实用的快速入门秘籍。

本书的作者为吕云翔、罗琦，曾洪立参与了部分内容的编写并进行了素材整理及配套资源制作等。

由于我们的水平和能力有限，书中难免有疏漏之处，恳请各位同仁和广大读者批评指正，也希望各位能将实践过程中的经验和心得与我们交流（yunxianglu@hotmail.com）。

编　者

2019 年 5 月

目　　录

第1章 JavaScript 概述

本章学习目标

- 了解 JavaScript 语言的历史背景。
- 了解 JavaScript 语言的特点及组成。
- 通过“Hallo, World!”示例简单认识 JavaScript 的运行机制。

本章先向读者介绍 JavaScript 的历史以及其语言特点，让读者对 JavaScript 语言整体有初步的了解和认识，讲述 JavaScript 代码的写法，并通过一段简单的代码示例初窥 JavaScript 编程的门径。

1.1 JavaScript 简介

1.1.1 JavaScript 的历史

JavaScript 作为程序员“行走江湖”不可或缺的一门“武功”，一定有它不同于其他语言的特点，这就要从这门语言的起源说起。它最早是由 Netscape 公司开发，用来处理一些简单的表单验证的脚本语言。在没有 JavaScript 的年代，一些简单的表单验证（如常见的密码复杂度验证）都是由服务端负责的，而且当时的网络速度是非常慢的，这种验证方式会导致网站的响应速度变得特别慢，于是便有了这门语言的诞生。当然它的作用绝对不仅仅是处理表单验证，它主要是用来使一些简单的逻辑可以在浏览器中实现而不需要去请求服务端的响应，负责使网页能和浏览器进行交互。

后来 Java 语言火爆起来，Netscape 也把原本叫做 LiveScript 的语言改名为 JavaScript。其实从语言的角度，两者几乎没有什么关系。因为首先作为一种脚本语言，它本质上就与 Java 不同，而且虽然 Netscape 公司希望做出来的语言看起来能和 Java 相似，但是这门语言的设计师 Brendan Eich 却完全没把这个要求当回事，他的设计思路是：

（1）借鉴 C 语言的基本语法。

（2）借鉴 Java 语言的数据类型和内存管理。

（3）借鉴 Scheme 语言，将函数提升到“第一等公民”（first class）的地位。

（4）借鉴 Self 语言，使用基于原型（prototype）的继承机制。

因此 JavaScript 和 Java 唯一的联系就是借鉴了 Java 的数据类型和内存管理机制。随后微软发布了 IE 3.0 浏览器并开发了一个名叫 JScript 的脚本语言，实质就是一个能够在 IE 3.0 上运行的 JavaScript。这两种语言虽然类似，但是标准不尽相同，这就害苦了很多 Web 开发人员。最后欧洲计算机制造商协会（European Computer Manufactures Association，ECMA）

采用了 ECMAScript 作为标准定义这种语言，现在的 ECMAScript 每年更新一个版本，如本书编写的时候正是 2018 年，而 ECMAScript 2019 已经在起草了。

当然，Windows 平台仍然有对 JavaScript 的支持，并能通过 WSH 环境直接运行。我们偶尔意外双击了.js 文件，会发现它运行了并弹窗报错，是因为 JavaScript 和我们现在一般使用的 JavaScript 的语法并不兼容，同时两者各自自带的对象亦不相同。

近些年和 JavaScript 有关的一门比较流行的语言叫做 TypeScript，它是 ECMAScript 的超集，且是一种强类型语言，相较于 JavaScript 更适合开发大型程序，受到多种主流前端框架的青睐。TypeScript 需要使用 Babel 等编译工具编译为.js 文件后才能够在浏览器中使用。

1.1.2 JavaScript 的特点

JavaScript 是一种动态类型、弱类型、基于原型的解释型脚本语言。

（1）动态类型：它的变量在声明时不需要声明类型，而是在运行时根据被赋值类型进行转换。

（2）弱类型：在计算时可以根据环境的变换自动转换变量类型。

（3）基于原型：没有面向对象语言中的类和实例的区别，只有对象这一概念，新的对象通过构造器函数继承原型对象，实例化后具有原型对象的属性以及本身定义的属性。

（4）解释型脚本语言：它的解释器被称为 JavaScript 引擎，前端的 JavaScript 的运行环境通常是在浏览器中，因此这个引擎也是浏览器的一个重要组成部分。JavaScript 的主要功能与它在被创立之初的目的是相同的，能够使页面与浏览器进行交互从而控制 HTML（HyperText Mark-up Language）元素实现一些动态效果。JavaScript 代码可以直接嵌入到 HTML 代码中，也可以单独写在文件中被 HTML 页面调用。通常为了使代码结构更加清晰也方便分离一些功能模块，往往采用后一种做法。

1.1.3 JavaScript 的组成

JavaScript 的组成介绍如下。

（1）ECMAScript 是 JavaScript 的核心部分，它规定了 JavaScript 的语法、类型、语句、关键字、保留字、运算符和对象。

（2）DOM（Document Object Model）通过把整个页面映射成一个树结构的文档，提供了一套可以访问 HTML 和 XML（eXtensible Markup Language）节点的 API（Application Programming Interface），开发者可以利用它轻松地删除、添加、替换或修改任何节点。

（3）BOM（Browser Object Model）提供了访问浏览器窗口的方法，开发者可以控制浏览器窗口进行一些诸如移动窗口之类的操作。BOM 部分的有关定义，零散分布在各种标准中，主要位于 HTML 标准。其他比如 WebRTC 标准等内也定义了一些接口。

现在的 HTML、CSS、JS 都走向了标准化，对浏览器的许多接口都有大量的标准文档进行了详尽的定义，DOM 和 BOM 只是其中的一部分，但是也是主要用到的部分。当然，如果要跟上时代的话，还是需要多了解各种新特性，W3C 专门建立了面向中国大众的 Chinese Web 兴趣小组进行有关推广，有兴趣的读者可以了解一下。

1.2　JavaScript 简单程序示例

1.2.1　JavaScript 写法

前面我们提过 JavaScript 代码有两种写法，一种是嵌入到 HTML 内部，一种是写在文件中。这里我们分别展示一下具体如何操作。

（1）如果写到 HTML 文件中，需要在 JavaScript 代码前后添加<script>标签。用<script>和</script>会告诉解释器代码插入在哪个位置，在何处结束，如下面代码所示：

```
<html>
<head>
   <script>
      //在这里插入JavaScript代码
   </script>
</head>
<body>
   <script>
      //在这里插入也可以
   </script>
</body>
</html>
```

（2）我们通常把 JavaScript 的文件后缀名写作.js，也可以把 JavaScript 的代码写到.js 文件中在 HTML 代码中进行调用，如下面代码所示：

```
<script type="text/javascript" src="文件路径"></script>
```

1.2.2　Hello, World!

既然我们已经初步了解了 JavaScript 代码的写法，那不妨就着手写一个 JavaScript 版本的“Hello, World!”来踏上我们的 JavaScript 修炼之路吧。

不同于 C 语言或者 Java 语言的命令行输出，想要看到 JavaScript 的输出结果需要想办法让它显示在页面中，所以我们可以有以下两种选择（实际不止这两种）：

（1）直接写到 HTML 的输出流中：

```
<html>
<body>
   <script>
      document.write("<p>Hello, World!</p>");
   </script>
</body>
</html>
```

（2）弹出一个警告框显示：

```
<html>
<head>
   <script>
      window.alert("Hello, World!");
```

```
    </script>
</head>
</html>
```

这就是两个简单的 JavaScript 的“Hallo, World!”程序，前者通过向 HTML 中写入 HTML 代码实现，后者是通过控制窗口弹出对话框来实现的。即前者利用 DOM 来实现，后者则是利用 BOM 来实现。

因为浏览器中提供了 JavaScript 的解释器，所以实际上我们是可以在浏览器的开发者工具中的命令行里输出日志的，这里我们以 Chrome 浏览器为例（本书作者所有代码都是在 Chrome 浏览器下测试的），打开浏览器后按 F12 键便会出现开发者工具，从图 1.1 中可以看到以下代码在控制台产生的效果。

```
<html>
<head>
    <script>
        console.log("Hello, World!");
    </script>
</head>
</html>
```

输出如图 1.1 所示。

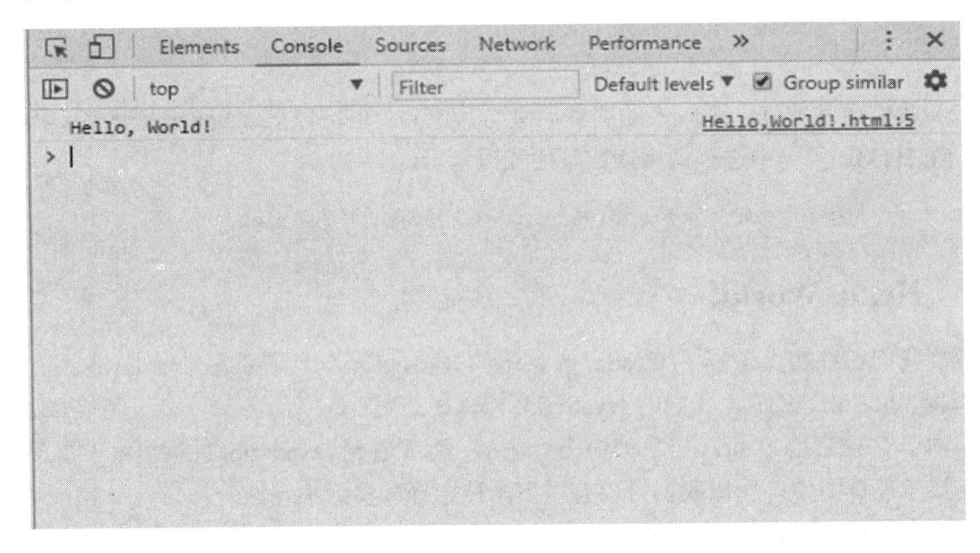

图 1.1　样例输出 1.1

Chrome 的开发者工具是前端程序员查看网页代码以及调试的利器，它不仅可以查看 JavaScript 的运行日志，还具有查看网页的源代码、查看网络信息等功能。使用得当可以大大提升开发效率。

小　　结

本章主要介绍了 JavaScript 的历史和特点，读者可以根据其历史理解其在实际开发中的用法，只有真正理解了其存在的和流行的原因才能真正用好这门语言。

习　题

1. 判断下列说法的正误。

（1）JavaScript 是一种静态强类型的语言。

（2）开发者可以利用 BOM 轻松地删除、添加、修改和替换任何 HTML 节点。

（3）ES6 又名 ES2015，ES2019 又名 ES10。

（4）TypeScript 是 JavaScript 的子集。

第2章 JavaScript基础语法

本章学习目标

- 学习 JavaScript 的变量、常量以及数据类型。
- 熟悉 JavaScript 运算符的用法和功能。
- 学习 JavaScript 的基本语句。
- 能够写一些简单的 JavaScript 命令行程序。

本章先向读者介绍了 JavaScript 中变量和常量的声明方法及其用法，并详细介绍了 JavaScript 中的数据类型。然后讲解了 JavaScript 的运算符的用法以及常用的语句能够对数据进行的操作，给出了大量示例代码，让读者能够在学习本章内容后写出一些简单的 JavaScript 命令行程序。

2.1 JavaScript 变量

2.1.1 JavaScript 变量的特点

同其他编程语言类似，JavaScript 的变量也是一种用来存储信息的容器。我们可以通过变量名访问、修改甚至删除变量中存储的数据。在第 1 章中我们提到 JavaScript 的变量是动态类型的，因此不同于 C 语言或者 Java 语言，JavaScript 的变量在声明时不需要给定其变量类型。它的类型是在计算过程中动态决定的，因此它可以是数字也可以是字符串，甚至值先为字符串，而后改为数值。JavaScript 中的变量更多地可以理解为作用域上的一个键，其值可以是各种类型，但是键始终为标识符字面量。事实上函数声明也可以理解为将函数名注册为键名，将创建的函数对象设置为此键名的键值。

2.1.2 JavaScript 变量的命名规范

JavaScript 的变量命名方式总体和其他编程语言相似，需要遵循以下几种规定。

（1）变量名必须以字母或者$和_符号开头，但是我们不建议使用后两种符号开头来命名变量，因为会与一些 JavaScript 库的变量或函数名产生冲突。

（2）变量名称大小写敏感（A 和 a 是不同的变量）。

（3）变量名不能与关键字（保留字）相同。

按照上面的规定我们可以声明以下变量名：

```
a
abc123
```

```
Abc123（与abc123是不同变量）
_abc
$abc
```

这些变量名都是可用的，但是我们一般不建议声明这种名字的变量，我们一般在实际开发中都需要声明一些名字可以代表其实际含义的变量，例如：

```
Sum
studentName
UnitPrice
```

为了增加程序可读性，我们一般采用驼峰式命名法来命名，其分为小驼峰式命名法和大驼峰式命名法。

（1）小驼峰式命名法：第一个单词以小写字母开始，第二个单词的首字母大写，例如firstName、lastName。

（2）大驼峰式命名法（Pascal 命名法）：每一个单词的首字母都采用大写字母，例如FirstName、LastName、StudentID。

有许多自带的对象，以及很多浏览器提供的 API 如 DOM、BOM 等。这些 API 中的名字虽然都可以用，但是不建议用作变量名、属性名、函数名、方法名等，以免应用时不慎引用了错误的对象，或者不慎对特殊属性写入。

除此之外，语法上的关键字和保留关键字均不可用作变量名。

ECMAScript 关键字如下：break，case，catch，continue，default，delete，do，else，finally，for，function，if，in，instanceof，new，return，switch，this，throw，try，typeof，var，void，while，with。

ECMA-262 关键字如下：abstract，enum，int，short，boolean，export，interface，static，byte，extends，long，super，char，final，native，class，synchronized，float，package，throws，const，goto，private，transient，debugger，implements，protected，volatile，double，import，public，let，yield。

BOM 关键字如下：alert，all，anchor，anchors，area，assign，blur，button，checkbox，clearInterval，clearTimeout，clientInformation，close，closed，confirm，constructor，crypto，decodeURI，decodeURIComponent，defaultStatus，document，element，elements，embed，embeds，encodeURI，encodeURIComponent，escape，event，fileUpload，focus，form，forms，frame，innerHeight，innerWidth，layer，layers，link，location，mimeTypes，navigate，navigator，frames，frameRate，hidden，history，image，images，offscreenBuffering，open，opener，option，outerHeight，outerWidth，packages，pageXOffset，pageYOffset，parent，parseFloat，parseInt，password，pkcs11，plugin，prompt，propertyIsEnum，radio，reset，screenX，screenY，scroll，secure，select，self，setInterval，setTimeout，status，submit，taint，text，textarea，top，unescape，untaint，window。

JavaScript 对象、事件和方法名如下：Array，Date，eval，function，hasOwnProperty，Infinity，isFinite，isNaN，isPrototypeOf，length，Math，NaN，name，Number，Object，prototype，String，toString，undefined，valueOf。

HTML 事件句柄名如下：onblur，onclick，onerror，onfocus，onkeydown，onkeypress，onkeyup，onmouseover，onload，onmouseup，onmousedown，onsubmit。

2.1.3 JavaScript 变量声明

JavaScript 在声明变量时不需要使用 int、string 等关键字，只需用到 var 和 let 关键字来声明，例如：

```
var StudentName;
let Student;
```

也可以在声明变量时用等号给其赋值，例如：

```
var StudentName = "XiaoMing";
let unitPrice = 88;
```

下面我们用 JavaScript 声明这个变量并在控制台中输出它的值：

```
var StudentName = "XiaoMing";
console.log(StudentName);
```

我们也可以在同一语句中声明多个变量，以逗号隔开，例如：

```
var StudentName = "XiaoMing", unitPrice = 88, Sum;
```

也可以不写在同一行中，例如：

```
let StudentName = "XiaoMing",
unitPrice = 88,
Sum;
```

在 JavaScript 中，用 var 声明的变量是可以重新声明的，但是重新声明的变量的值不会丢失，而是继续保存，例如：

```
var StudentName = "XiaoMing";
var StudentName;
console.log(StudentName);
```

这段代码可以在控制台输出“XiaoMing”且不会报错，如图 2.1 所示。

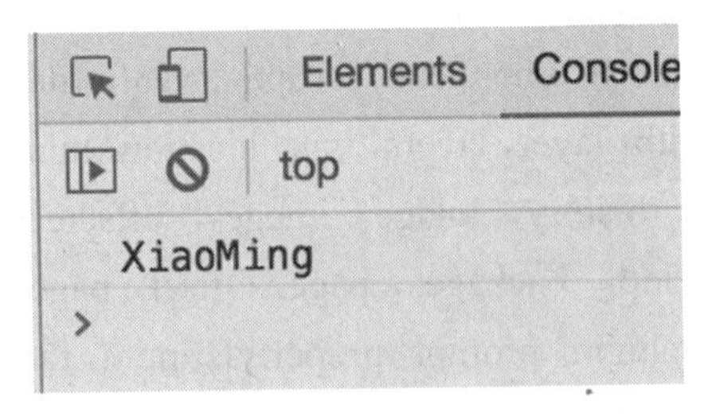

图 2.1 样例输出 2.1

但是使用 let 声明的变量是不能被重新声明的，例如：

```
let StudentName = "XiaoMing";
let StudentName;
console.log(StudentName);
```

这段代码运行则会报错，如图 2.2 所示。

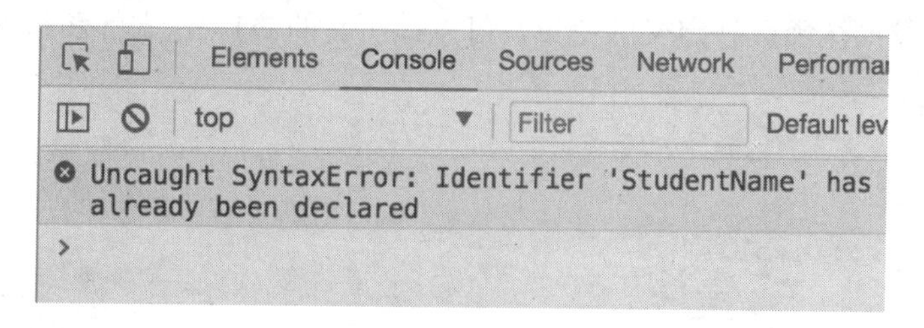

图 2.2　样例输出 2.2

错误原因是变量已经被声明了不能被重新声明，所以用 let 和 var 声明的变量是有一定区别的，但大体功能基本是相同的，具体的区别我们在以后的章节中会涉及，因为笔者更习惯使用 var 关键字，所以在后续的代码中使用 var 来声明变量的情况会比较多。

值得注意的是，在 JavaScript 中不添加关键字 var 和 let 也可以声明变量，例如：

```
StudentName = "XiaoMing";
console.log(StudentName);
```

这段代码同样可以输出“XiaoMing”，与上一段代码的结果相同，但是其实不加 var 和 let 声明的“变量”和真正的变量是有区别的，不加 var 和 let 声明的变量实际上向上一直溯源到此变量名以 var 或者函数定义形式声明的环境，如果一直找不到，那么认定此变量名属于顶层作用域。顶层作用域的凭依对象在浏览器中是一个引入了 WindowOrWorkerGlobalScope mixin 的接口的对象，可以通过 self 访问，在浏览器页面中也可以通过 window 访问。顶层作用域的凭依对象在 NodeJS 中则为 global。

如

```
function a(){
  var c;
  function b(){
    c=1;
  }
  b();
}
```

a 调用之后并不会给 window 添加属性。因为 b 调用的时候是对 a 内的变量环境绑定('c',1)，而不是给 window 绑定('c',1)。

又如

```
var b={a:3};
with(b){
  a=6;
}
```

a 调用之后更改了 b 这个对象的 a 属性。

2.1.4　变量的作用域

同其他编程语言一样，JavaScript 的变量同样有其作用域，如果在作用域外使用变量就会获取不到变量以至于产生错误。同样地，JavaScript 的变量也分为全局变量和临时变量两种类型。

（1）全局变量：在函数外定义的变量，可以在所有的 HTML 文件和脚本中使用，例如：

```
var a = 1;
var b = 2;
function add()
{
    console.log(a+b);
}
add();
console.log(a + " " + b);
```

这段代码可以在控制台输出 a+b，a 和 b，如图 2.3 所示。

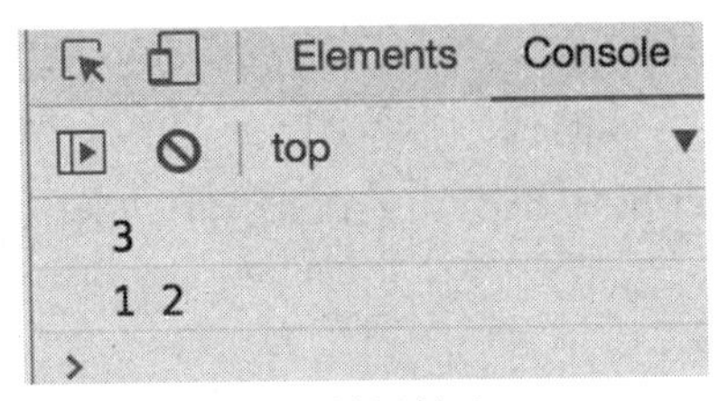

图 2.3　样例输出 2.3

（2）局部变量：在函数内声明的变量，只能在局部范围（函数内部或者函数内部声明的函数的内部）使用，例如：

```
function add()
{
    var a = 1;
    let b = 2;
    console.log(a+b);
}
add();
console.log(a + " " + b);
```

这段代码可以在控制台输出 a+b，但是输出 a 和 b 时会报错，如图 2.4 所示。

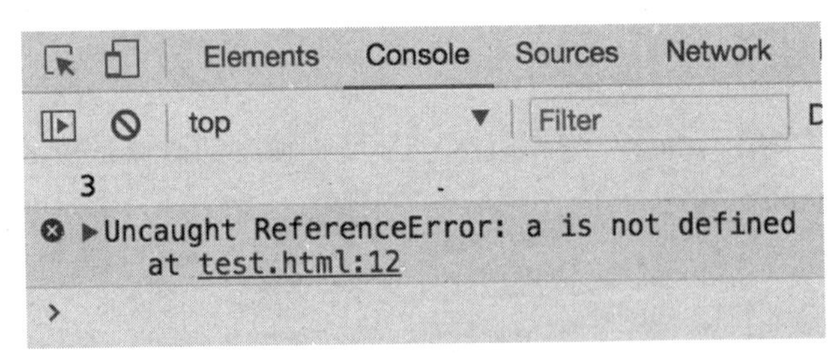

图 2.4　样例输出 2.4

（3）不加 var 或者 let 声明的变量：我们在 2.1.4 节中介绍过不加 var 或者 let 声明的变量实际上是给 window 对象添加的一个不可配置的属性，既然它是整个浏览器窗口的属性，那它一定是可以作用于整个页面的，因此即使在函数作用域中不用 var 关键字声明的变量也是全局变量，例如：

```
function add()
{
```

```
    a = 1;
    b = 2;
    console.log(a + b);
}
add();
console.log(a + " " + b);
```

这段代码可以成功输出 a+b，a 和 b，如图 2.5 所示。

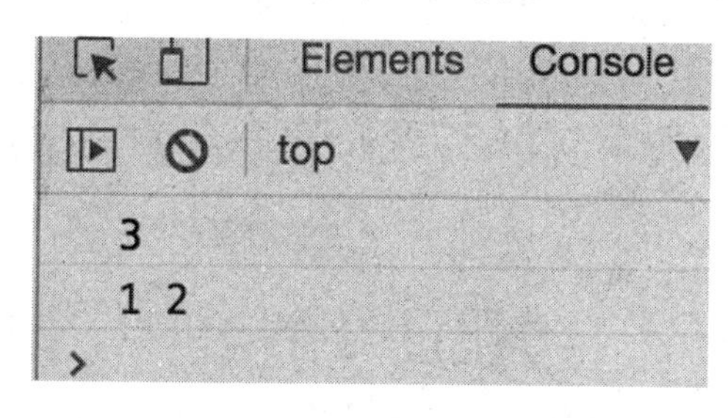

图 2.5　样例输出 2.5

（4）代码块中使用 var 关键字定义的变量：代码块一般指的就是大括号中包含的语句，最常见的代码块就是 if 和 for 语句中的语句块，而这里语句块中的变量指的是在这些代码块中用 var 关键字定义的变量，这些变量是可以在代码块外的作用域内起作用的，例如：

```
for(var i = 0; i < 3; i++)
{
   var sum = i + 10;
}
console.log(i);
console.log(sum);
```

这段代码能够正确输出 i 和 sum 的值，如图 2.6 所示。

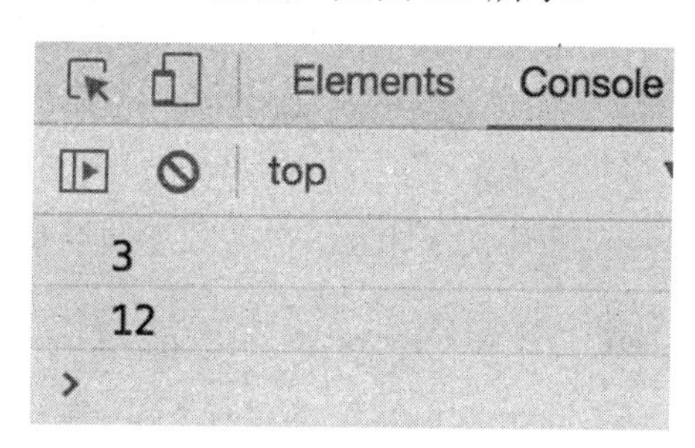

图 2.6　样例输出 2.6

值得注意的是，代码块中的函数只能在其代码块所在的作用域使用，如果代码块位于函数中则声明的变量为局部变量，只能在本函数中使用。而用 let 声明的函数只能在代码块中生效，在代码块以外的是不能生效的。

（5）var 和 let 的区别：let 关键字是在 ES6 的 JavaScript 中新规定的关键字，是为了解决 var 关键字的一些缺陷问题，可以认为是更规范更先进的 var。let 缩小了 var 的作用域，用 let 声明的变量只能在代码块中生效，在代码块以外的范围是不能生效的，使用会报错：

```
for(let i = 0; i < 3; i++)
{
```

```
        let sum = i + 10;
    }
    console.log(i);
    console.log(sum);
```

输出如图 2.7 所示。

在作用域外用 let 定义的关键字是不能被调用的，否则就会报错。而且用 let 定义的变量是不存在变量提升现象的，关于变量提升我们在后面的章节中会详细介绍。

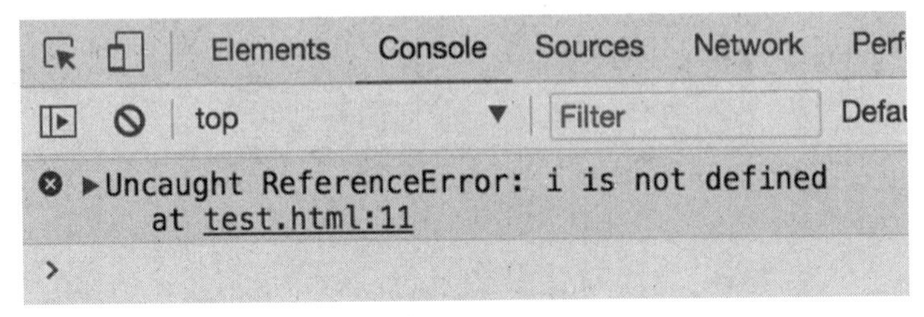

图 2.7　样例输出 2.7

2.1.5　变量优先级

我们在之前的章节中提到，JavaScript 是可以重新定义变量的，在作用域相同时，JavaScript 会只执行其赋值语句。但是可以在前面定义一个全局变量，然后再在一个函数中定义一个名字相同的局部变量。一般在这种时候，作用域越小的变量优先级越大，例如：

```
var a = 1;
function changeA()
{
    var a = 2;
    console.log(a);
}
changeA();
console.log(a);
```

这段代码输出的结果是在函数中的 a 为 2，在函数外的结果是 1，如图 2.8 所示。

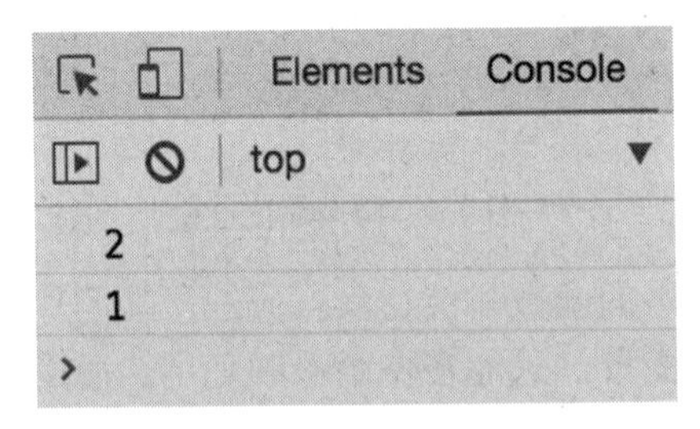

图 2.8　样例输出 2.8

从其输出可以看到，在函数中时，局部变量的优先级是高于全局变量的，但是虽然名字相同，局部变量不会影响到同名全局变量在函数外的值。

2.1.6　变量提升

在 JavaScript 里，用 var 关键字声明的变量的声明语句都会默认放在其作用域的最顶部，即使其声明语句在函数的最底部，它也会优先于其他类型的语句执行。因此我们在代码中是可以先使用变量再去定义变量的，例如：

```
a = 1;
console.log(a);
var a;
```

这段代码可以正常输出 a 的值，如图 2.9 所示。

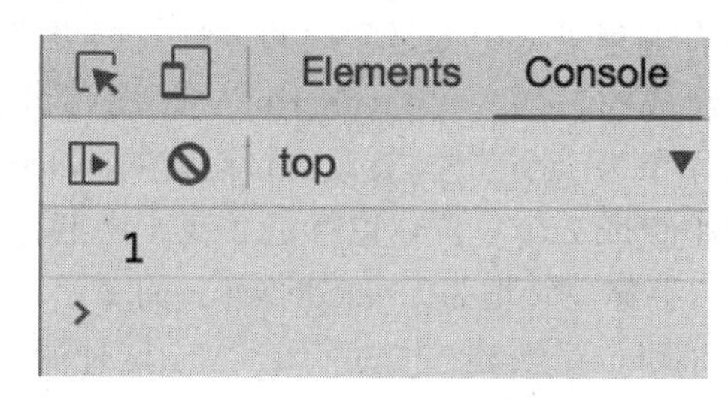

图 2.9　样例输出 2.9

虽然变量定义可以提前，但是其赋值语句是不能提前的，因此我们在用这种写法时，在调用变量前一定要先给变量赋值，否则变量的类型就会变为 undefined，例如：

```
console.log(a);
var a = 1;
```

这样写输出的 a 是 undefined，如图 2.10 所示。

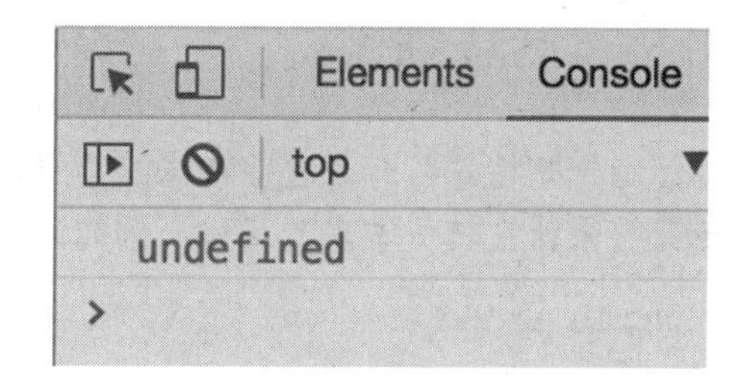

图 2.10　样例输出 2.10

虽然 JavaScript 支持变量提升，但是我们还是建议在作用域顶部声明变量，这样会避免这种问题而且代码的可读性也比较好，便于维护。

我们在变量的作用域一节中提到过使用 let 关键字声明的变量是不存在变量提升现象的，因此使用 let 声明变量的语句会放在原位置不动，对于 JavaScript 初学者我们更建议尽量使用 let 关键字声明变量，因为它更加严谨，可以避免许多问题。但因为两者总体上是大同小异的，编码者可以根据自身喜好选择使用。

2.2　JavaScript 数据类型

JavaScript 在声明变量时虽然不用指定其所属的数据类型，但是不代表没有数据类型。每种类型的数据对其存储空间的要求是不同的，为了把这些对空间要求不同的数据进行分类，于是便有了数据类型，数据类型是 JavaScript 以及其他语言的基础部分。

JavaScript 的数据类型主要分为两大类。

（1）基本数据类型：null，undefined，string，number，boolean。

（2）对象：object，对象有很多种，JavaScript 中一切函数均为对象（函数是可以执行的对象），同时对基本类型的一些封装类型，如 String，Number，Boolean 也是对象。

2.2.1 字符串类型

字符串类型在几乎所有编程语言中都是常用的一种数据类型，它用来存储文本数据，其数据是由 Unicode 字符组成的集合。在 JavaScript 中是没有 char 类型的，只有字符串。JavaScript 字符串内部以 2 字节为一个单位，类似于 C 语言的 wchar_t.JS 中字符串以 UTF-16 为字符编码，每个字符以 1 个或 2 个单位，也就是 2 或 4 字节存储。在字符码值较低时，存储字符所用的 1 个单位内存储单纯地为 Unicode 编码。而 2 字节不足以涵盖整个 Unicode 字符集，所以存在需要两个单位来表述一个字符的情况,这种情况并非直接存储码值，而是通过代理格式，将码值存储在 4 字节特定的位中。JavaScript 早期就定义的函数 String.prototype.charCodeAt，以及属性 String.prototype.length 对于这种 4 字节字符会表现异常，在较新的标准定义下可以通过 String.prototype.codePointAt(i)正确访问第（i+1）个字符的码值，如 String.fromCodePoint(0x1d404).length。可以看到，虽然只有一个字符，但是字符串长度确实是 2。现有的 Unicode 字符集通过 UTF-16 格式以 4 字节足以描述，所以并不会有 6 字节以及更多字节，例如：

```
var str = "Hello, World!";
console.log("a");
document.write("goodbye");
```

我们也可以在字符串中使用一些特殊符号，这些特殊的符号是不能直接写在字符串当中的，这时候就需要使用转义符来让它转变本来的意思，例如：

```
var str = "Hello, \"World!\"";
console.log(str);
```

输出如图 2.11 所示。

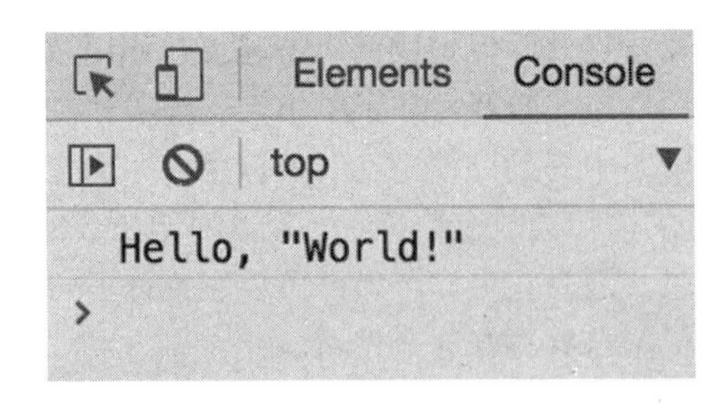

图 2.11　样例输出 2.11

这段代码可以将字符串中的引号输出出来，如果不加反斜杠“\”则会因为与字符串两端的引号配对而报错。同样地，其他的特殊符号也要用类似的方式来进行转义。且字符串中的所有字符都必须放在同一行中，中间不能换行，在 JavaScript 中换行被默认为当前语句已经结束。但是如果字符串过长，确实需要换行时，可以用“\”来将字符串写在多行中。

除了刚才提到的转义符，表 2.1 中列出了一些常用的转义符。

表 2.1 JavaScript 常见转义符

字 符	转 义 字 符	字 符	转 义 字 符
'	\'	回车符	\r
"	\"	制表符	\t
&	\&	退格符	\b
\	\\	换页符	\f
换行符	\n		

除了上面的以外，还可以以\xff，\uffff，\u{fffff}这样的形式转义字符，例如"\u{1d404}\u1434\x31"。

2.2.2 数字类型

JavaScript 不同于 C 语言或者 Java 语言，它只存在一种数据类型，是不存在整型和浮点型之分的，例如：

```
var a = 1;
var b = 10.8;
```

我们可以通过如下代码来获取 JavaScript 数字类型的最大值和最小值：

```
console.log(Number.MAX_VALUE);
console.log(Number.MIN_VALUE);
```

输出如图 2.12 所示。

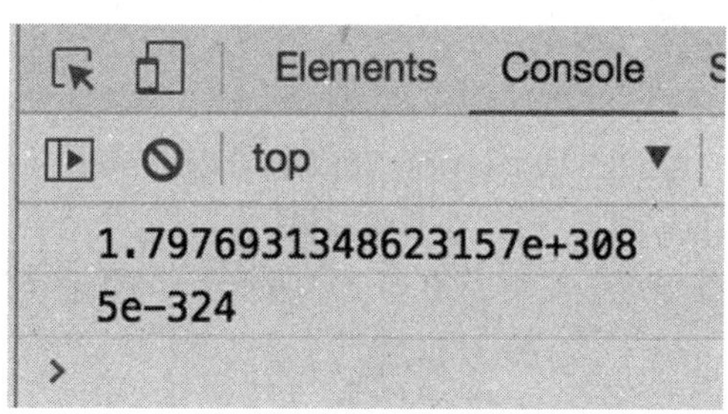

图 2.12 样例输出 2.12

我们可以看到 JavaScript 数值类型的取值范围是 1.7976931348623157e+308～5e–324，大于最大值的数值可以用 Infinity 表示，小于最小值的数值用–Infinity 表示，分别表示无穷大和无穷小。另外 JavaScript 中 NaN 是一个特殊的数字，它属于数字类型，但是表示某个值不是数字。

JavaScript 的数值字面量通常有以下三种表示方式。

（1）传统记数法：由数字 0~9 组成，首数字不为 0，分为整数部分和小数部分，用小数点隔开。

（2）十六进制：由数字 0~9 和字母 a~f（不分大小写）组成，以“0x”开头，例如 0x101、0xabc 等，这种方法只能用来表示整数。

（3）科学记数法：有的数值因为太大或者太小，用传统记数法表示起来很麻烦，我们就可以采用科学记数法来表示。科学记数法用“aEn”来表示 a 乘以 10 的 *n* 次方，a 大于等于 0 小于 10。例如，108000 可以表示为 1.08E5，0.003 可以表示为 0.3e–2。

2.2.3 布尔类型

布尔类型的变量只有两个字面量 true 和 false，用来表示真和假，true 代表真，false 代表假（注意 true 和 false 都是全小写的）。通常用于条件控制，例如：

```
var testboolean = true;
if(testboolean)
{
    console.log("布尔值为真！");
}
```

输出如图 2.13 所示。

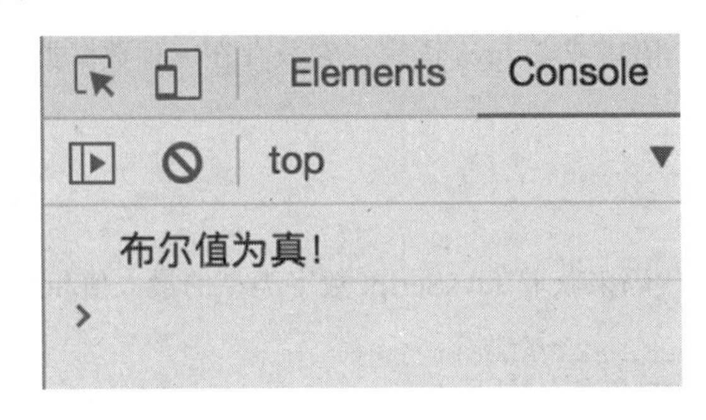

图 2.13　样例输出 2.13

2.2.4 数组类型

数组是一组数据的集合，在 JavaScript 中数组可以存放不同类型的数据，可以是基本数据类型也可以是复合数据类型。数组中的数据称为数组的元素。数组通过给不同的元素不同的下标来存取这些元素。这些下标从 0 开始，下标为 0 的元素是数组的起始元素，例如：

```
var StudentNames = ["张三", "李四", "王五"];
console.log(StudentNames[0]);
console.log(StudentNames);
```

输出如图 2.14 所示。

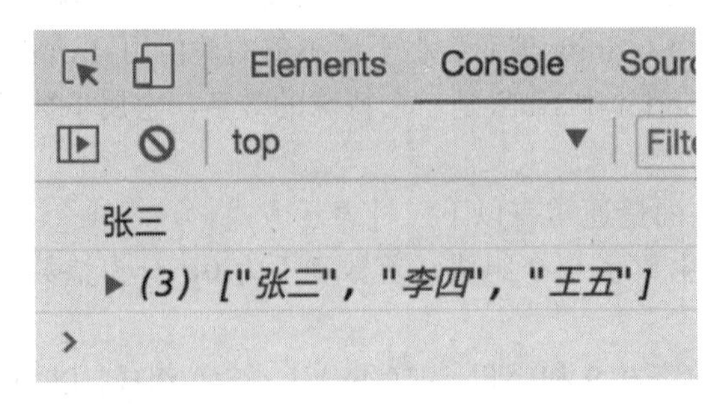

图 2.14　样例输出 2.14

我们可以看到，数组的第一个元素就是下标为 0 的元素，我们也可以直接通过数组名输出数组中的所有元素。关于数组类型的初始化和访问方法等内容我们将在以后的章节中具体介绍。数组本身也是对象。所以除了数值索引之外，还可以如一般的对象那样存放其他类型的键值对。在 ES5.1 及之前的版本中，键只能为字符串或者数值，而 ES6 及之后的版本中，任意类型均可作为键。

2.2.5 对象类型

与数组一样，对象也是数据的集合，同样地，对象也可以保存各种不同类型的数据。但是不同于数组的是，对象是用名称和数值成对的方式来存取数据，并不是通过下标来访问数据的。数据被赋予一个名称，这个名称被称为对象的属性。JavaScript 通过对象的属性名来存取这些数据，在声明对象时，用“属性名:值”的方式来给属性赋值，赋值使用“:”而不是等号，每个属性之间用逗号隔开，例如：

```
var Student = { name : "XiaoMing",
              age : 18,
              gender : "male"
};
```

调用时用“.”来调用对象的属性，也可以直接通过对象名输出全部属性，例如：

```
console.log(Student.name);
console.log(Student);
```

输出如图 2.15 所示。

对象还可以存取函数，存放在对象中的函数称为对象的方法，我们同样可以通过调用对象的方法名来调用函数，具体的内容以及有关对象的其他内容，我们将在后面的章节中深入讲解。

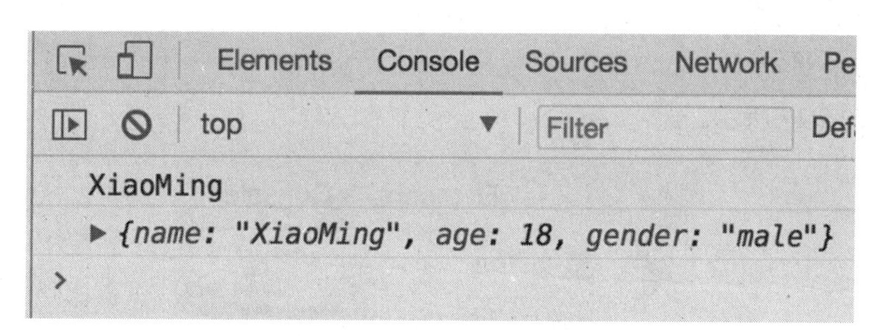

图 2.15　样例输出 2.15

2.2.6 undefined

undefined 的含义是未定义的，其代表着一类声明了但并未赋值的变量，undefined 出现的具体情况分为以下三种：

（1）引用了一个定义过但没有赋值的变量。

（2）引用了一个数组中不存在的元素。

（3）引用了一个对象中不存在的属性。

我们可以通过以下代码来输出这三种情况下的 undefined 变量：

```
var a;
var arr = [1, 2];
var student = { name : "Zhangsan" };

console.log(a);
console.log(arr[2]);
console.log(student.age);
```

输出如图 2.16 所示。

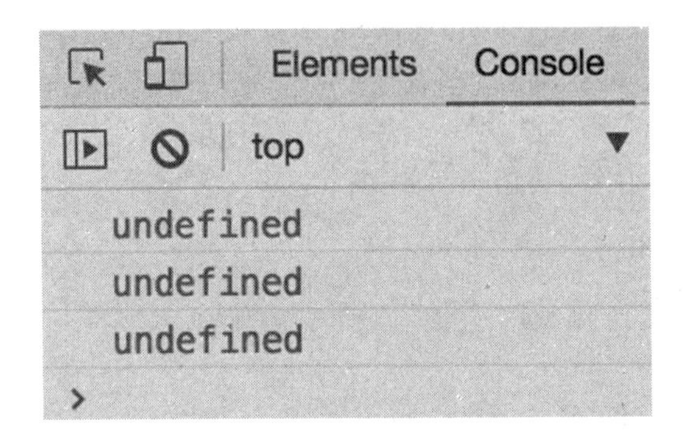

图 2.16　样例输出 2.16

后两种类型虽然未被声明，但其载体是已经被声明的，只是内部还没有给定值，因此也是看做“声明未赋值”来处理。

undefined 同样也可以当作值来给变量赋值，使其重置成未赋值的状态，例如：

```
var a = 1;
a = undefined;
console.log(a);
```

输出如图 2.17 所示。

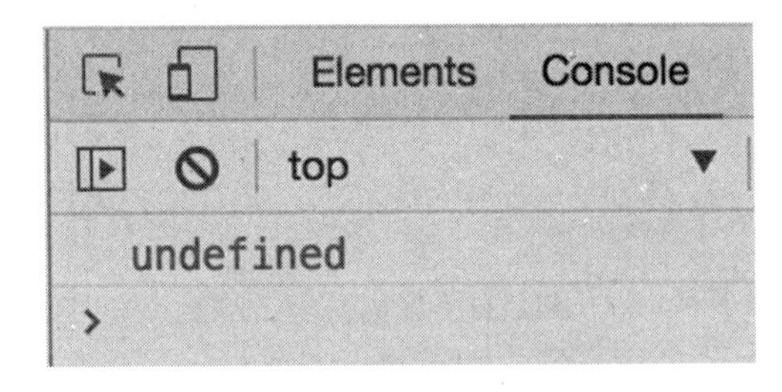

图 2.17　样例输出 2.17

作为一种值类型，undefined 也可以用于比较来进行条件控制，例如：

```
var a;
if(a == undefined)
{
    console.log("a未被赋值");
}
```

输出如图 2.18 所示。

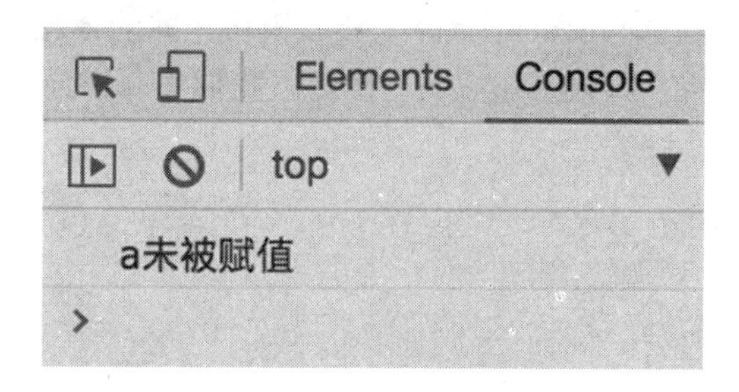

图 2.18　样例输出 2.18

2.2.7　null

null 是“空值”的意思，代表了一个空的对象指针，是一个特殊的对象值。它与 undefined 的区别在于 undefined 是一个没被赋值的变量，可以认为是一个空的变量，而 null 则是代表了一个空的对象，其用法与 undefined 类似，在我们想要定义一个对象时可以先用 null 保存一个空的对象值，例如：

```
var student = null;
```

同样地，null 也可以用于条件判断，例如：

```
var student = null;
if(student == null)
{
    console.log("student是空的对象");
}
```

输出如图 2.19 所示。

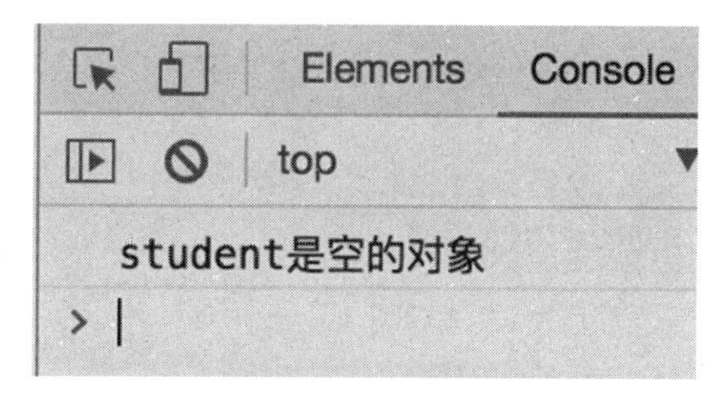

图 2.19　样例输出 2.19

2.2.8　函数类型

对 JavaScript 来说，函数也是对象的一种，或者说函数是一种可执行的对象，所以与其他编程语言不同的是，在 JavaScript 中函数也是一种数据类型。我们把这段代码定义成一个函数，就可以随意调用这段代码。由于在 JavaScript 中函数是一种数据类型，所以像其他数据类型一样，函数可以存储在变量、数组或者对象中，甚至可以把函数当作参数进行传递，这是许多语言做不到的。函数对象可以通过()运算符调用函数内部的代码。一般通过函数对象.toString()可以获取这段代码。用于模块化的函数库 SeaJS 中甚至据此获取函数定义时的代码而后正则匹配 requre()调用，获取模块之间的依赖关系。

JavaScript 中函数的定义方式有很多种，在这里我们先介绍最常用、最简单的一种定义方式，使用 function 关键字：

```
function 函数名(参数1,参数2, ...)
{
    函数体
}
```

其中大括号包括的代码就是函数的主体部分，可以有返回值也可以没有，返回值用 return 语句，与其他编程语言相同，例如：

```
function returnHello(){
    return "Hello!";
}

console.log(returnHello());
```

输出如图 2.20 所示。

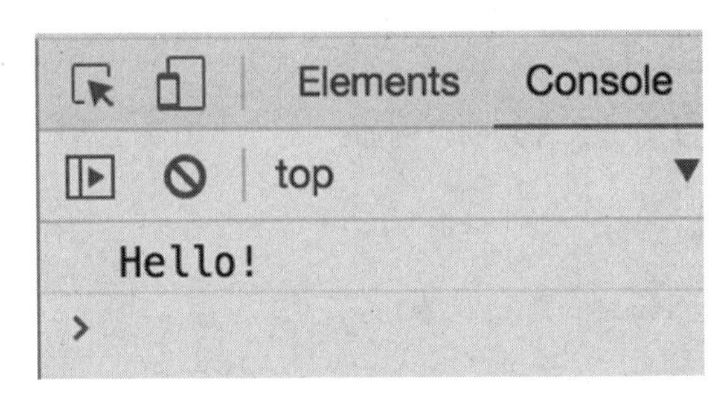

图 2.20　样例输出 2.20

在 JavaScript 中函数可以作为值赋给变量，这时这个变量与函数的功能是相同的，可以通过变量名直接调用函数，例如：

```
var sayGoodbye = function(){
    console.log("Goodbye!");
}

sayGoodbye();
```

输出如图 2.21 所示。

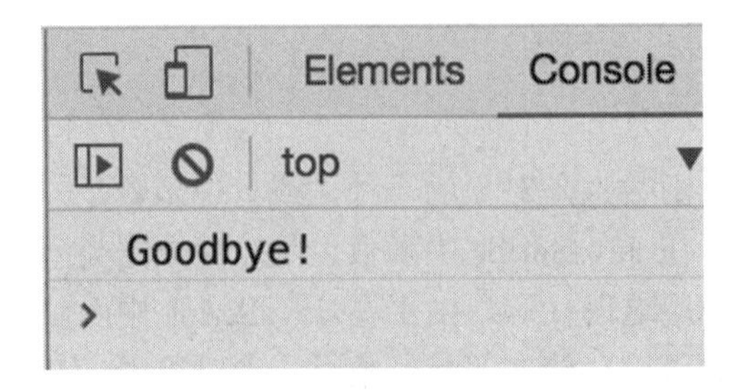

图 2.21　样例输出 2.21

在这种写法中是不需要写函数名的，函数名就是被赋给函数值的变量名，以后也是通过变量名来调用该函数。JavaScript 函数的用法有很多种，作为一种数据类型，JavaScript 的函数用法很灵活，这也使 JavaScript 这门语言在编程中有了很大的灵活性。后面的章节中我们会更加深入地介绍 JavaScript 函数的用法。

2.3 JavaScript 常量

JavaScript 和其他语言一样也有常量，同样使用 const 关键字来定义。常量与变量是一个相对的概念，变量之所以称为变量是因为其数据是可以改变的，相反，常量的数据是固定的，是不可以改变的。

常量与变量类似，定义后都可以被多次使用，只是常量定义后，其值是固定的，不可以被改变，我们通常在使用一个固定的值的时候使用常量，比如我们需要用到 π 的值时，使用常量将其固定为小数点后几位，保持不变，以后使用到 π 值时就可以直接使用常量里的值。

2.3.1 常量的声明

常量的声明方式和变量相同，只是关键字由 var 变成了 const，例如：

```
const pi = 3.14;
const a = 1, b = 2;
```

不同浏览器对常量定义时的要求是不一样的，例如在 Chrome 浏览器中，声明常量时必须对其赋值，否则将会报错。但是在有些浏览器中，不赋值的常量默认为 undefined。

2.3.2 JavaScript 内置常量

在 JavaScript 中，除了开发者自己定义的常量，还有许多内置的常量，例如我们之前提过的无穷大 Infinity 以及判断是否为数字的 NaN，这些都是 JavaScript 中设定好的常量，在我们自定义常量时也要避免与其冲突。表 2.2 列出了 JavaScript 中常用的内置常量。

表 2.2 JavaScript 中常用的内置常量

常量		说明
普通常量	Infinity	无穷大
	-Infinity	无穷小
	NaN	不是数字
Number 对象中的常量	MAX_VALUE	数字类型的最大值
	MIN_VALUE	数字类型的最小值
	NaN	同 NaN
	POSITIVE_INFINITY	同 Infinity
	NEGATIVE_INFINITY	同 -Infinity

续表

常　　量		说　　明
Math 对象中的常量	E	自然对数
	LN2	2 的自然对数
	LN10	10 的自然对数
	LOG2E	以 2 为底的 e 的对数
	LOG10E	以 10 为底的 e 的对数
	PI	π
	SQRT_2	2 的平方根
	SQRT1_2	2 的平方根的倒数

2.4　JavaScript 运算符

运算符是用来对数据进行计算、比较或者赋值等其他操作的符号，运算符有很多种类型，不同类型的运算符负责对数据进行不同种类的操作。

运算符的操作对象叫作操作数，就是需要被处理的数据。操作数可以是各种类型的数据，但它们只有在与运算符一起进行操作时才会被称为操作数。根据操作数的数量，运算符可以分为以下三种。

（1）一元运算符：只有一个操作数，例如："++" "--"。

（2）二元运算符：有两个操作数，例如："+" "="。

（3）三元运算符：有三个操作数，JavaScript 中只有一个三元运算符 "?:"。

2.4.1　算术运算符

算术运算符用于计算数字变量之间的运算结果，给定 x=2，y=1 两个变量，表 2.3 展示了 JavaScript 的算术运算符及其用法。

表 2.3　JavaScript 的算术运算符

运　算　符	操　　作	实　　例	输　出　z
+	加法运算	z = x + y	3
-	减法运算	z = x - y	1
*	乘法运算	z = x * y	2
/	除法运算	z = x / y	2
%	取模运算	z = x % y	0
++	自增 1 运算	z = ++x	3
		z = x++	2
--	自减 1 运算	z = --x	1
		z = x--	2

具体用法：

```
var x = 1, y = 2;
console.log("x+y=" + (x + y));
console.log("x-y=" + (x - y));
console.log("x*y=" + (x * y));
console.log("x/y=" + (x / y));
console.log("x%y=" + (x % y));
console.log("++x=" + (++x));
x = 1;
console.log("x++=" + (x++));
x = 1;
console.log("--x=" + (--x));
x = 1;
console.log("x--=" + (x--));
```

输出如图 2.22 所示。

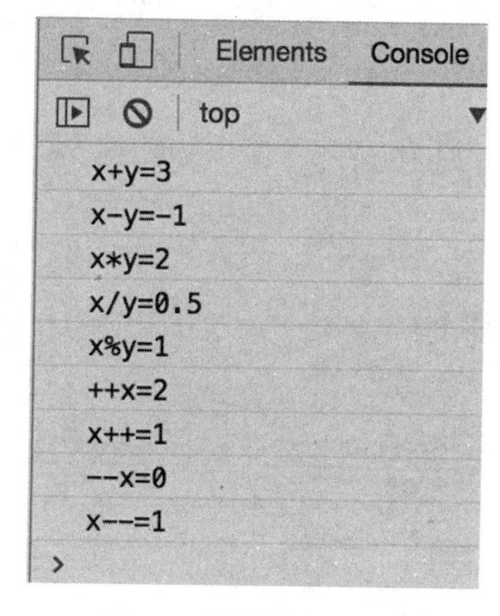

图 2.22　样例输出 2.22

需要注意的是，“++”和“--”两个运算符，它们都是一元运算符，当操作数在运算符之前时先返回操作数原值再进行自加或者自减操作；而当操作数在运算符之后时，先进行操作再返回操作进行后的值。

2.4.2　字符串运算符

字符串运算符是用来将两个字符串连接成一个字符，它的符号只是一个“+”，与算术运算符中的加号是相同的，二者一个用于字符串拼接一个用于计算数字相加结果。字符串运算符要求两个操作数都是字符串类型，如果有操作数为数字，则先将其转换为字符串类型再进行拼接，例如:

```
var str1 = "小明", str2 = "是男生";
console.log(str1 + str2);

str1 = "1";
str2 = 1;
```

```
console.log(str1+str2);

str1 = 1;
str2 = "1";
console.log(str1+str2);
```

输出如图 2.23 所示。

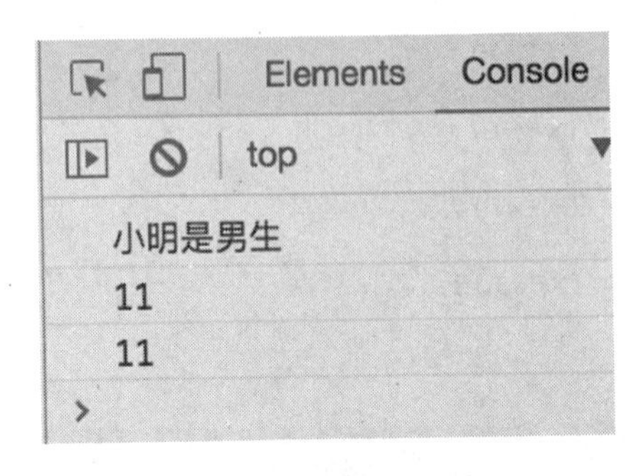

图 2.23　样例输出 2.23

可以看到，两个操作数如果有一个是字符串类型，无论是第一个还是第二个都会默认为进行字符串拼接。

2.4.3　赋值运算符

赋值运算符用来给变量赋值的，给定 x=2，y=1 两个变量，表 2.4 展示了 JavaScript 赋值运算符的用法。

表 2.4　JavaScript 中的赋值运算符

运算符	实例	相当于	输出 x
=	x=y		1
+=	x += y	x = x + y	3
-=	x -= y	x = x - y	1
*=	x *= y	x = x * y	2
/=	x/= y	x = x / y	2
%=	x %=y	x = x % y	0

具体用法：

```
var y = 1;
x = y;
console.log("x=" + x);
x += y;
console.log("x+=y = " + x);
x -= y;
console.log("x-=y = " + x);
x *= y;
console.log("x*=y = " + x);
x /= y;
console.log("x/=y = " + x);
x%=y;
console.log("x%=y = " + x);
```

输出如图 2.24 所示。

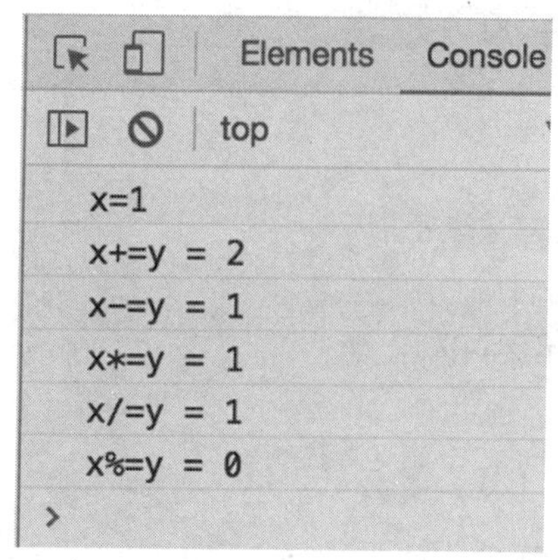

图 2.24　样例输出 2.24

2.4.4　比较运算符

比较运算符是用来比较两个数据的运算符，因此比较运算符都是二元运算符，它返回的值是一个布尔类型值。给 x，y 两个变量，表 2.5 展示了 JavaScript 比较运算符的用法。

表 2.5　JavaScript 中的比较运算符

运算符	x	y	实例	返回值
>	2	1	x > y	true
	1	2		false
<	1	2	x < y	true
	2	2		false
>=	2	1	x>=y	true
	1	1		true
	1	2		false
<=	1	2	x<=y	true
	1	1		true
	2	1		false
==	1	1	x==y	true
	1	"1"（字符串“1”）		true
	1	2		false
!=	1	2	x!=y	true
	1	"1"		false
	1	1		false
===	1	1	x===y	true
	1	2		false
	1	"1"		false
!==	1	2	x !== y	true
	1	"1"		true
	1	1		false

具体用法：

```
var a = 1, b = 3, c = 1;

if (a > b)
{
    console.log("a大于b");
}
if (a >= b)
{
    console.log("a大于等于b");
}

if (b < a)
{
    console.log("b小于a");
}

if (a <= c)
{
    console.log("a小于等于c");
}

if (a == c)
{
    console.log("a等于c");
}

while (a != b)
{
    console.log("a不等于b, a="+ a);
    a++;
}

a = 1, b = "1", c = 1;

if (a == b)
{
    console.log("a等于b");
}

if (a !== b)
{
    console.log("a不等同于b");
}

if (a === c)
{
    console.log("a等同于c");
}
```

输出如图 2.25 所示。

需要注意的是，“===”和“==”两者是不同的。前者是等同于，需要变量类型和变量的值都相同才能够返回 true；而后者只需要变量的值相等就可以。所以在前面的代码中 a 和 b 虽然一个是数字 1，一个是字符串 1 但是两者的值都是 1，是相等的，但是由于类型不同，所以二者不等同。

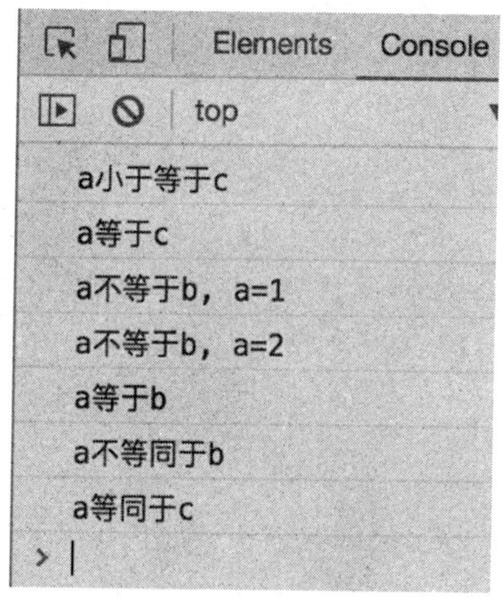

图 2.25　样例输出 2.25

2.4.5　逻辑运算符

逻辑运算符是用来对布尔类型进行处理返回最终的布尔类型结果的，因此它的操作数都是布尔类型，包括逻辑与（&&）、逻辑或（||）和逻辑非（!）三种运算符。前两者是二元运算符，逻辑非是一元运算符。

（1）逻辑与（&&）：当两个操作数都为 true 时才返回 true，其余情况都返回 false。

（2）逻辑或（||）：当两个操作数都为 false 时才返回 false，其余情况都返回 true。

（3）逻辑非（!）：当操作数为 true 时返回 false，操作数为 false 时返回 true。

表 2.6 中展示了三种运算符的用法。

表 2.6　逻辑运算符用法

运算符	x	y	实例	结果
&&	true	true	x && y	true
	true	false		false
	false	true		false
	false	false		false
||	true	true	x || y	true
	true	false		true
	false	true		true
	false	false		false
!	true		!x	false
	false			true

具体用法如下：

```
//逻辑与
var a = 1, b = 2 , c = 1;
```

```
if( a == b && a == c )
{
    console.log("a == b且a == c都为真");
}
else{
    console.log("a == b 和 a == c至少有一个不为真");
}

if( a - 1 == b && a == c)
{
    console.log("a -1 == b 且 a == c都为真");
}

//逻辑或

var a =1, b = 2, c = 1;

if ( a == b || a == c)
{
    console.log(" a == b 和 a == c至少有一个为真");
}

//逻辑非
var a = false;

if ( !a )
{
    console.log("a = false");
}
```

输出如图 2.26 所示。

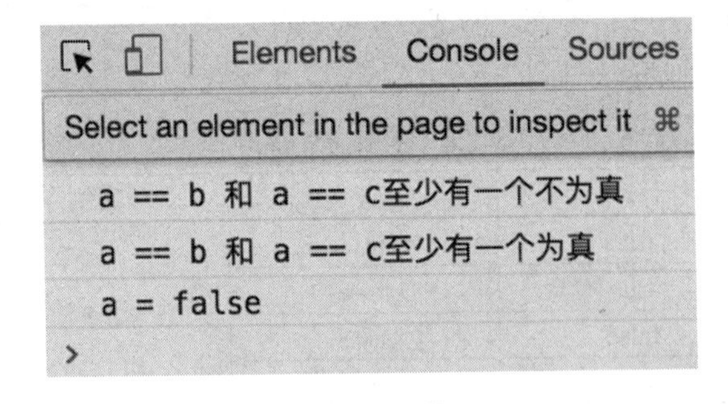

图 2.26　样例输出 2.26

在逻辑与和逻辑或中有一点需要注意，当逻辑与的第一个操作数为 false 或者逻辑或的第一个操作数为 true 时，将直接返回结果，第二个操作数中的语句将不会被执行，例如：

```
var a = 1;
if( a == 2 && (++a) == 2)
{
console.log("出错了!");
}
console.log(a);
```

```
f( a == 1 || (++a) == 2)
{
console.log(a);
}
```

输出如图 2.27 所示。

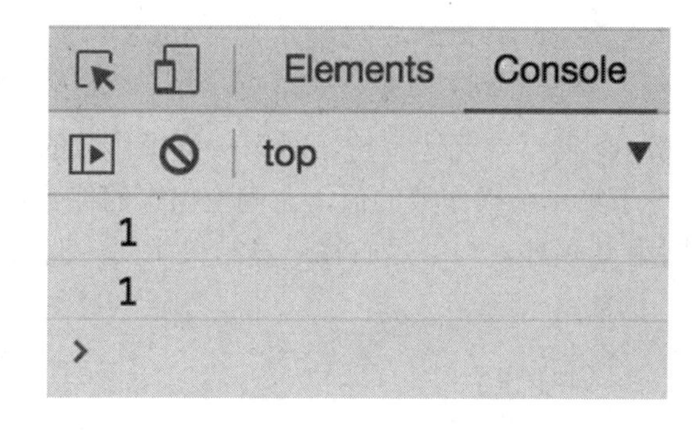

图 2.27　样例输出 2.27

从结果中我们可以看到，“++a”这个运算并没有被执行。因此，当我们需要在逻辑与、逻辑或的操作数中进行运算时，尽量把语句放在第一个操作数中，避免不被执行的情况。

2.4.6　位运算符

位运算符是用来对二进制数进行计算的，当使用位运算符时，JavaScript 会先把其他进制（十进制、八进制和十六进制）的数转换成 32 位的二进制数再来进行运算，位运算符包括以下 7 种。

（1）与运算（&）：二元运算符，将两个操作数进行逻辑与运算后结果以十进制数的形式返回，例如：

```
5 & 3 = 0101 & 0011 = 0001 = 1
```

（2）或运算（|）：二元运算符，将两个操作数进行逻辑或运算后结果以十进制数的形式返回，例如：

```
4 | 2 = 0100 | 0010 = 0110 = 6
```

（3）异或运算（^）：二元运算符，将两个操作数进行逻辑异或运算后结果以十进制数的形式返回，例如：

```
5 ^ 3 = 0101 & 0011 = 0110 = 6
```

（4）非运算（~）：一元运算符，对操作数的每一位进行非运算后结果以十进制数的形式返回，由于进行非运算后原数的符号位也要取反，因此原数的符号会改变，例如：

```
~5 = ~ 0000 … 0101 = 1111 … 1010 = -6
```

（5）左移运算（<<）：二元运算符，对第一位操作数的二进制数进行所有位数向左移

动 n 位，其中 n 等于第二个操作数的值，例如：

```
10 << 2 = 1010 << 2 = 101000 = 40
```

（6）补足右移运算（>>>）：二元运算符，对第一位操作数的二进制数进行所有位数向右移动 n 位，其中 n 等于第二个操作数的值，左侧空出来的位置用 0 来填补，例如：

```
10 >> 2 = 0000 .... 1010 >>> 2 = 0000 .... 0010 = 2
-10 >> 2 = 1111 .... 0110 >> 2 = 0011 ... 1101 = 1073741821
```

（7）带符号右移运算（>>）：二元运算符，对第一位操作数的二进制数进行所有位数向右移动 n 位，其中 n 等于第二个操作数的值，左侧空出来的位置根据符号填补，如果是正数（第 32 位为 0）则用 0 填补，与补足右移运算结果相同。但如果符号是负数（第 32 位为 1）则用 1 来填补，例如：

```
-10 >> 2 = 1111 ... 0110 >> 2 = 1111 ... 1101 = -3
```

下面列出上述实例的代码来验证其正确性：

```
console.log(5 & 3);
console.log(4 | 2);
console.log(5 ^ 3);
console.log(~5);
console.log(10 << 2);
console.log(-10 >>> 2);
console.log(-10 >> 2);
```

输出如图 2.28 所示。

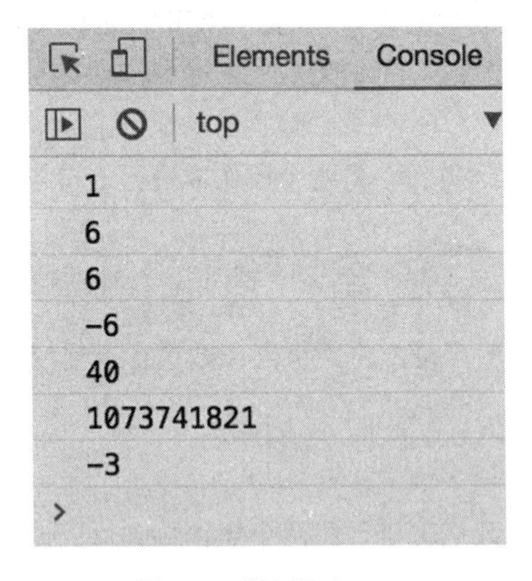

图 2.28　样例输出 2.28

2.4.7　特殊运算符

除了前几节列出的运算符之外，JavaScript 还有一些特殊的运算符用来处理特定的问题，主要包括以下几种。

（1）逗号运算符：二元运算符，用来将两个操作数隔开，在变量的声明一节中我们提到用逗号在一行中声明两个变量。逗号运算符还可以用在 for 循环中将多个变量更新表达式隔开，例如：

```
for( var i = 1, j =2; i < 5; i++, j++)
{
    console.log(i + " " + j);
}
```

输出如图 2.29 所示。

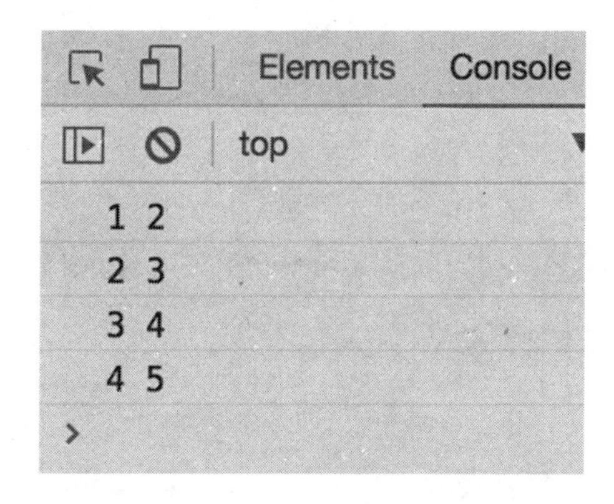

图 2.29　样例输出 2.29

（2）存取运算符：二元运算符，用来存取数组或者对象中的数据，存取数组或者对象的数据用“[]”，而存取对象中的数据还可以使用“.”，例如：

```
var StudentNames = ["张三", "李四", "王五"];
var Student = { name : "小明", age : 18, gender : "male"};

console.log(StudentNames[0] + " " + StudentNames[1]);
console.log(Student.name + " " + Student.male);

StudentNames[1] = "小王";
Student.age = 19;

console.log(StudentNames[1]);
console.log(Student.age);
```

输出如图 2.30 所示。

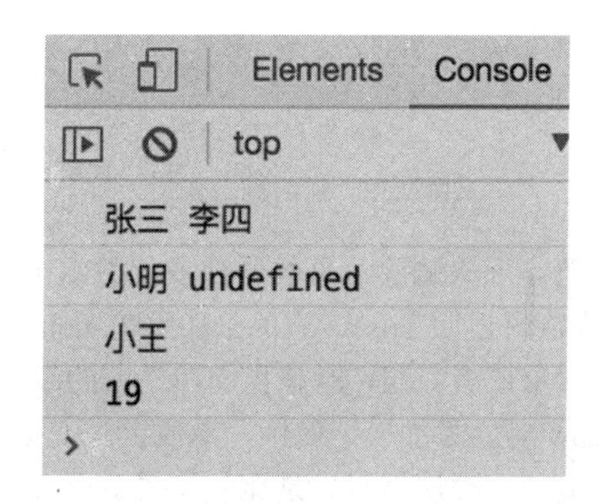

图 2.30　样例输出 2.30

（3）条件运算符：三元运算符，用来根据条件的真假执行不同的语句，条件运算符是JavaScript 中唯一一个三元运算符，以“?:”作为符号。条件运算符和 if…else 语句类似，只是写法更加简洁。如果条件语句的结果为 true，执行“:”前的语句；如果为 false，则执行“:”后面的语句，例如：

```
var a = 1;
a == 1 ? a = 2 : a = 3;
console.log(a);

var a = 0;
a == 1 ? a = 2 : a = 3;
console.log(a);
```

输出如图 2.31 所示。

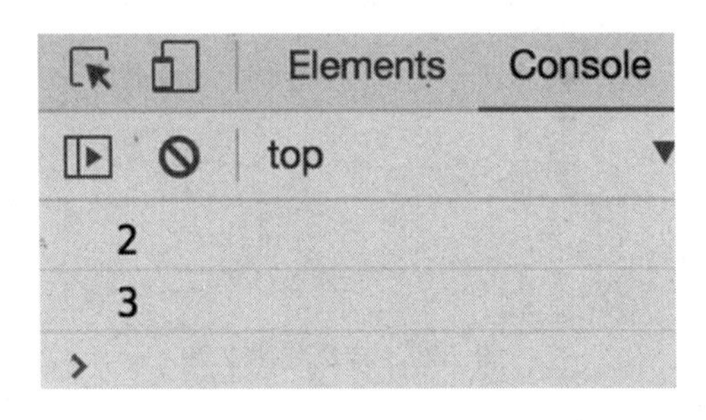

图 2.31　样例输出 2.31

（4）new：一元运算符，用来创建一个新的对象，对象被创建后就可以调用其属性和方法，例如：

```
var arr = new Array(1, 2, 3);
console.log(arr[1]);
console.log(arr.toString());
```

输出如图 2.32 所示。

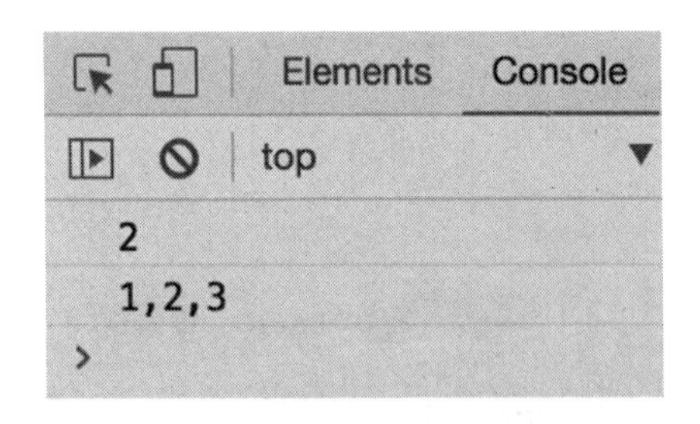

图 2.32　样例输出 2.32

（5）delete：一元运算符，用来删除对象的属性或者数组中的元素并返回一个布尔值，当删除成功时返回 true，失败时返回 false。有的书中会说 delete 可以用来删除不用 var 或者 let 关键字定义的变量、对象或者数组，但是我们在之前的章节中提过，不用 var 或者 let 声明的变量其实是为 window 对象添加一个属性，本质上与变量是有区别的。而 JavaScript 中数组的元素其实也是数组的一种属性，只是比较特殊。因此在本书中我们只谈其本质，即 delete 运算符只是用来删除对象的属性，例如：

```
var Student = { name : "小明", age : 18, gender : "male"};
if(delete Student.name)
{
    console.log("Student删除成功!");
}
else{
    console.log("Student删除失败!");
}

console.log(Student.name);

var arr = new Array(1, 2, 3);
if(delete arr[2])
{
    console.log("arr[2]删除成功!");
}
else{
    console.log("arr[2]删除失败!");
}
console.log(arr[2]);

var a = 1;
if(delete a)
{
    console.log("a删除成功!");
}
else{
    console.log("a删除失败!");
}
console.log(a);

b = 1;
if(delete b)
{
    console.log("b删除成功!");
}
else{
    console.log("b删除失败!");
}
console.log(b);
```

输出如图 2.33 所示。

从以上代码可以看出，我们成功删除了 Student 对象中的 name 属性和 arr 数组中的元素，再试图使用这个属性或者元素时可以看到该属性或元素已经为 undefined，在 undefined 一章中我们已提过，当对象存在而对象的属性或者数组的元素不存在时，其类型会被设定为 undefined。

而因为 a 作为变量时不能被删除，会出现删除失败的情况，因此证明了 delete 是不能用于删除变量的。但是 b 作为 window 对象的属性是可以被删除的，但是这种不加 var 声明的变量删除后是不能再被使用的，否则会像图 2.33 所示一样报错。

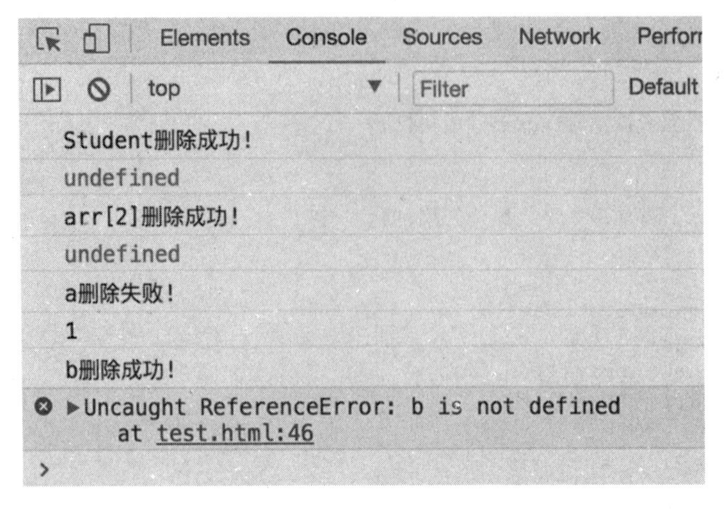

图 2.33　样例输出 2.33

需要注意的是，JavaScript 的核心对象的属性是不能被删除的，但是某些内置对象的属性是可以被删除的，但是我们不建议这么做，因为删除后这些内置对象不能再被访问。

（6）in：二元运算符，用来判断第一个操作数是否属于第二个操作数并返回一个布尔类型的结果，属于返回 true，不属于则返回 false。第一个操作数可以是数组元素的下标，也可以是对象的属性，第二个操作数就是它们相对应的数组或者对象，例如：

```
var arr = new Array(4, 5, 6);

for(var i = 1;i < 5;i++)
{
    if(i in arr)
    {
        console.log("下标为" + i + "的元素在数组arr中");
    }
    else{
        console.log("下标为" + i + "的元素不在数组arr中");
    }
}

var student = { name : "XiaoMing", age : 18};
if ("name" in student)
{
    console.log("name是student的属性");
}
if("gender" in student){
console.log("gender是student的属性");
}
else
{
    console.log("gender不是student的属性");
}
```

输出如图 2.34 所示。

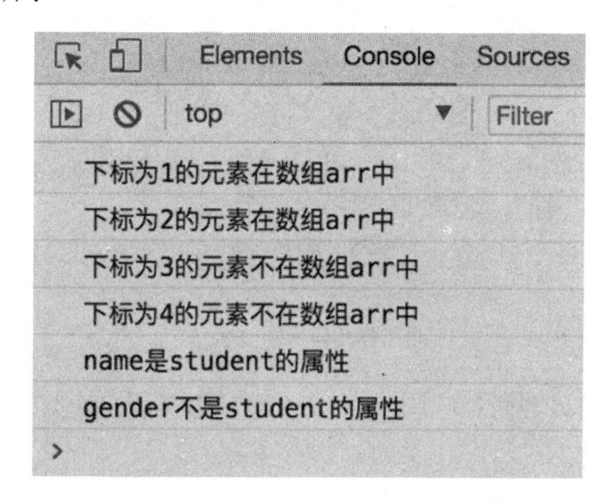

图 2.34　样例输出 2.34

需要注意的是，当查询数组中元素是否在数组中时，第一个操作数指的是数组元素的下标，而不是元素的值。

（7）instanceof：一元运算符，用来识别第一个操作数是否是第二个操作数的类型并返回一个布尔类型的结果，是返回 true，否则返回 false。其用法与 in 相似，第一个操作数为对象，第二个操作数为对象的类型名。例如：

```
var obj = { name : "XiaoMing", gender : "Male"};
var arr = new Array(1, 2);

if ( obj instanceof Object)
{
    console.log("obj是一个Object对象");
}

if( obj instanceof Array)
{
    console.log("obj是一个Array对象");
}

if( arr instanceof Array)
{
    console.log("arr是一个Array对象");
}

if( arr instanceof Date)
{
    console.log("arr是一个Date对象");
}
else
{
    console.log("arr不是一个Date对象");
}
```

输出如图 2.35 所示。

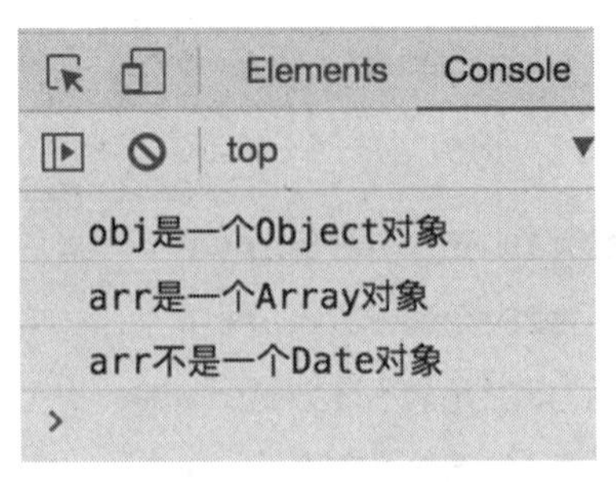

图 2.35　样例输出 2.35

同样地，我们还可以判断对象是否属于我们自己定义的变量类型，例如：

```
function CrtStudent(){};
var student = new CrtStudent();
if(student instanceof CrtStudent){
   console.log("student属于CrtStudent");
}
```

输出如图 2.36 所示。

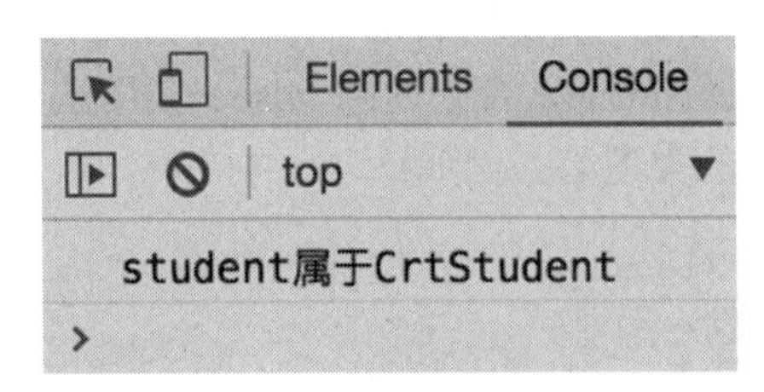

图 2.36　样例输出 2.36

（8）void：一元运算符，用来取消返回值。当我们需要进行语句的执行但不需要操作数返回值或者对象时，可以用 void 来阻断这个过程，例如：

```
function hello(){
   return "hello";
}
var str = void(hello());
console.log(str);
var str = hello();
console.log(str);
```

输出如图 2.37 所示。

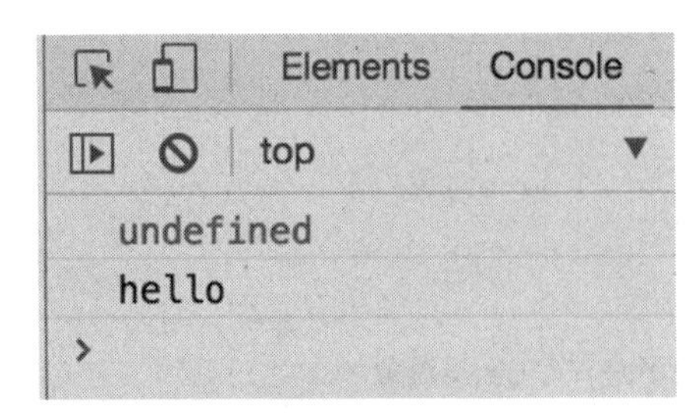

图 2.37　样例输出 2.37

（9）typeof：一元运算符，用来判断操作数类型并返回一个和类型名有关的字符串，注意“typeof　数组”返回的是“object”，typeof null 返回的也是“object”。表 2.7 中展示了 JavaScript 中 typeof 运算符对不同类型的返回值。

表 2.7　JavaScript typeof 返回结果

类　　型	返　回　值	类　　型	返　回　值
数字类型	number	null	object
字符串类型	string	undefined	undefined
布尔类型	boolean	函数	function
数组	object	核心对象	function
对象	object	浏览器对象模型中的方法	object

具体用法如下：

```
var a = 1;
var str = "abc";
var b = false;
var arr = new Array(1,2);
var obj = { name : "XiaoMing", gender : "Male"};

console.log("a的类型为: " + typeof(a));
console.log("str的类型为: " + typeof(str));
console.log("b的类型为: " + typeof(b));
console.log("arr的类型为: " + typeof(arr));
console.log("obj的类型为: " + typeof(obj));
```

输出如图 2.39 所示。

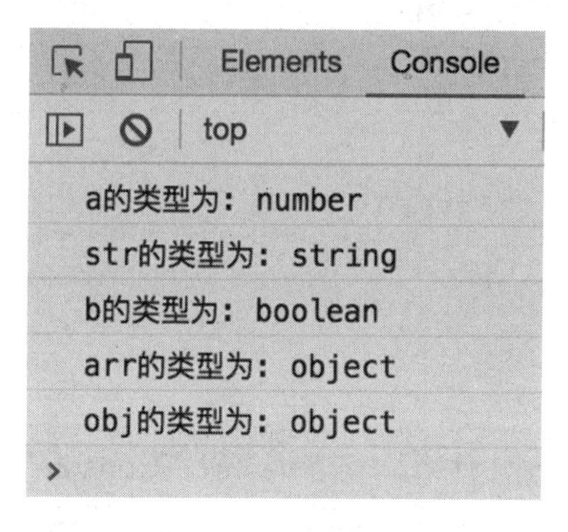

图 2.38　样例输出 2.38

2.4.8　运算符执行顺序

当一个表达式中出现多个运算符时，和我们在数学中学习的先算乘除后算加减的道理类似，不同的运算符的优先级是不同的，不是单纯按从左到右的顺序执行。因此 JavaScript 中的运算符是严格按照优先级的顺序来执行的，表 2.8 中列出了 JavaScript 中各种运算符的优先级。

表 2.8　JavaScript 运算符优先级

<table>
<tr><th>优先级</th><th>运　算　符</th><th>优先级</th><th>运　算　符</th></tr>
<tr><td>1</td><td>new、.、[]、()</td><td>9</td><td>^</td></tr>
<tr><td>2</td><td>++、--、-、~、!、delete、new、typeof、void</td><td>10</td><td>|</td></tr>
<tr><td>3</td><td>*、/、%</td><td>11</td><td>&&</td></tr>
<tr><td>4</td><td>+、-</td><td>12</td><td>||</td></tr>
<tr><td>5</td><td><<、>>、>>></td><td>13</td><td>?:</td></tr>
<tr><td>6</td><td><、>、<=、>=、instanceof</td><td>14</td><td>=、复合赋值运算符（+=、-=等）</td></tr>
<tr><td>7</td><td>==、!=、===、!==</td><td>15</td><td>,</td></tr>
<tr><td>8</td><td>&</td><td></td><td></td></tr>
</table>

当遇到优先级相同的运算符时，除了几种特殊的运算符之外，一般按照从左向右的顺序执行，但也有一些运算符是从右向左执行的，多数为一元运算符，表 2.9 中列出了 JavaScript 中从右向左执行的运算符。

表 2.9　JavaScript 从右向左执行的运算符

+（正号）	-（负号）	!	~	?:
赋值运算符	new	delete	typeof	void

一般我们在编码过程中，遇到多个运算符在同一表达式中时，一般用不到一些像 new 一样的特殊运算符，下面代码简单展示了一些运算符的执行顺序：

```
var a = 1 + 2 * 3 / (8 - 2);
var b = 1 << 2 + 1;
console.log(a);
console.log(b);

if( a + 2 > 0 && b | 5 == 13)
{
   console.log(++a + 1);
}
```

输出如图 2.39 所示。

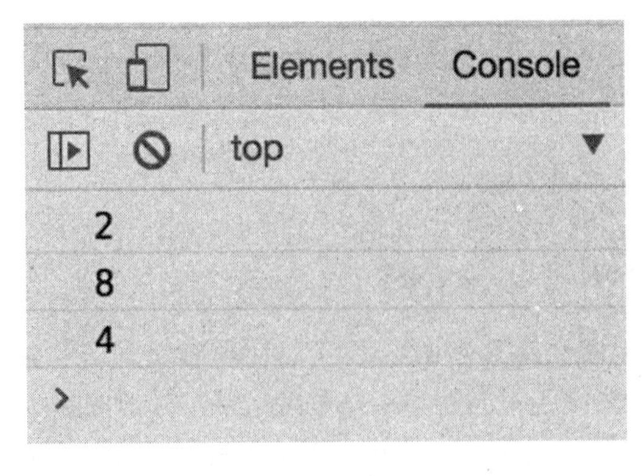

图 2.39　样例输出 2.39

在我们平时编码时，为了避免运算符顺序出错，我们建议在面对长的复杂的表达式时尽量将其拆分成几个表达式来写，或者运用“()”保证其顺序的正确性，这样也便于以后的查看和修改。

2.5 JavaScript 基本语句

2.5.1 注释语句

注释语句是程序员用于记录某些与代码本身无关的内容，注释中的内容不会影响到代码的运行，注释有两种写法，一种是单行注释，只注释掉当前行位于“//”符号后边的内容；另一种为多行注释，能够注释掉“/*”和“*/”符号之间的内容，具体写法如下：

```
<script>
    //单行注释
    /*
    多行注释
    /*
</script>
```

其中多行注释是不能够嵌套也不能够交叉使用的，如果在多行注释间还有其他的注释符号则将全部被认为是最外层的注释符号中注释的内容。

2.5.2 条件语句

条件语句是 JavaScript 中最常见的语句之一，能够根据不同条件来执行不同的操作。条件语句分为两种，一种是 if 语句，另一种是 switch 语句，细分的话主要有以下 4 类。

1. if 语句

简单的 if 语句写法如下：

```
if(条件表达式)
{
    当条件为true时执行的代码
}
```

当 if 语句的条件表达式返回值为 true 时，就会执行大括号中的代码；条件表达式返回值为 false 时不执行直接跳过该代码块，具体用法如下：

```
var condition = true;
if(condition)
{
    console.log("条件为真");
}

if(!condition)
{
    console.log("条件为假");
}
```

输出如图 2.40 所示。

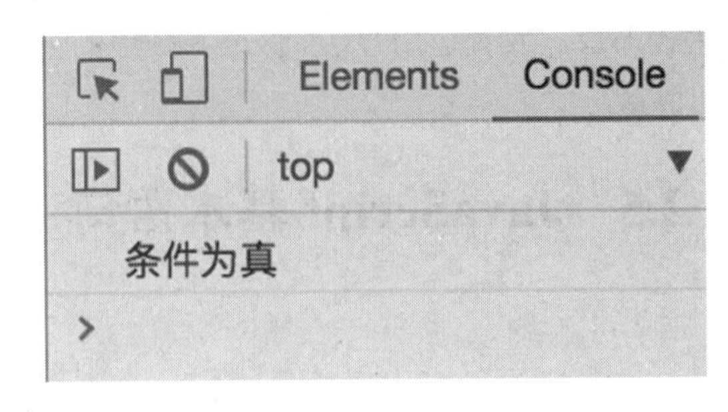

图 2.40　样例输出 2.40

2．if…else

简单的 if 语句只能执行当表达式为 true 时的语句，而 if…else 语句则提供了当 if 表达式中条件为 false 时执行的语句。当使用 if…else 语句时，如果条件表达式为 true 执行 if 所包含代码块中的内容；当表达式为 false 则执行 else 代码块中的内容。if…else 语句的写法如下：

```
if( 条件表达式 )
{
    当条件为true时执行的代码
}
else
{
    当条件为false时执行的代码
}
```

上述代码中 else 可以看作是 if（!条件表达式），是在当对原 if 中的条件表达式进行非运算后为 true 时执行代码块中语句，即当原条件值为 false 时执行，具体代码如下：

```
var condition = true;
if(condition)
{
    console.log("第一段条件为真");
}
else
{
    console.log("第一段条件为假");
}

condition = !condition;
if(condition)
{
    console.log("第二段条件为真");
}
else
{
    console.log("第二段条件为假");
}
```

输出如图 2.41 所示。

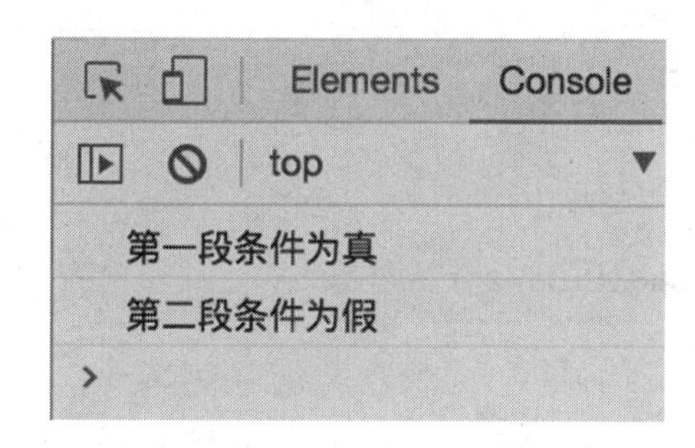

图 2.41　样例输出 2.41

3．else if

if…else 有两个条件，最多只能在两个代码段中进行选择，当需要选择的条件增多时，简单的 if…else 就不能满足需求。此时就需要使用 else if 语句，else if 语句一般写在 if 语句块和 else 语句块之间，else if 后跟一个条件表达式来对是否执行进行控制。else if 语句的写法如下：

```
if( 条件表达式1 )
{
    当条件1为true时执行
}
else if( 条件表达式2 )
{
    当条件2为true时执行
}
else if( 条件表达式3 )
{
    当条件3为true时执行
}
…
else if( 条件表达式n )
{
    当条件n为true时执行
}
else
{
    当之前的条件都为false时执行
}
```

其中 else if 语句可以从 0 个到多个，为 0 个时就是简单的 if…else 语句。当其中包含一个以上的 else if 语句时，语句依次检查每个表达式的值，当遇到有的条件表达式的值为 true 时执行该条件下的代码，当所有条件表达式的返回值都为 false 时，则执行 else 语句中的代码，具体代码如下：

```
var condition = 2;
if(condition == 0)
{
    console.log("condition=0");
```

```
}
else if(condition ==1 )
{
   console.log("condition=1");
}
else if(condition == 2)
{
   console.log("condition=2");
}
else
{
   console.log("condition=other number");
}
```

输出如图 2.42 所示。

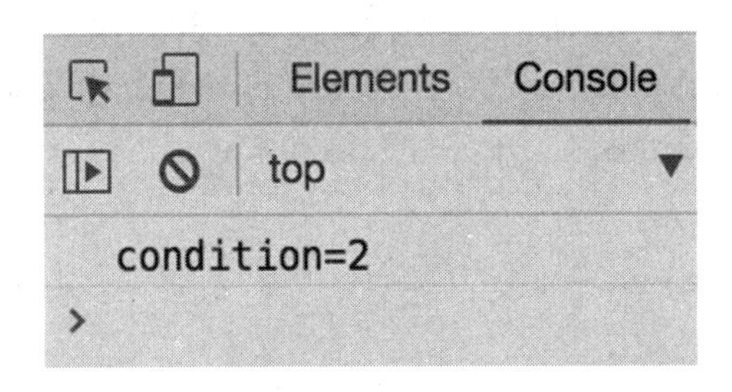

图 2.42　样例输出 2.42

需要注意的是，当执行了其中一个 else if 语句后，即使后面的 else if 语句的条件表达式也是正确的，其中的代码也不会被执行，例如：

```
var condition = 2;
var condition2 = 3;

if(condition == 0)
{
   console.log("condition=0");
}
else if(condition == 1 )
{
   console.log("condition=1");
}
else if(condition == 2)
{
   console.log("第一段表达式为true的代码condition=2");
}
else if(condition2 == 3)
{
   console.log("第二段表达式为true的代码condition2=3");
}
else
{
   console.log("condition=other number");
}
```

输出如图 2.43 所示。

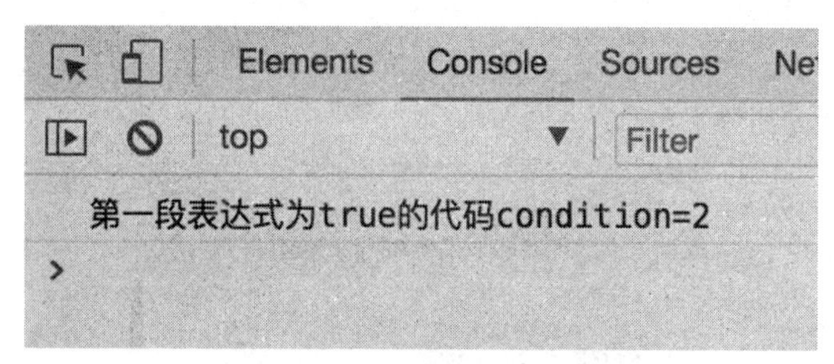

图 2.43　样例输出 2.43

4．switch

switch 是一种比较特殊的语句，虽然它的功能也和 if…else 语句一样，都是根据不同的条件来执行不同的代码，但 switch 是针对使用单个条件变量的值作为条件的情况设计的，因为用 if…else 语句，当条件变量的值有较多种可能性时，每次都需要在 else if 语句中写出变量名和值，而且每次都需要重新读取变量的值，程序的效率比较低。而用 switch 语句则可以只读取一次作为条件的变量的值，switch 语句的写法如下：

```
switch( 条件变量名 )
{
    case 值1 :
        当变量的值等于值1时执行的代码
        break;
    case 值2:
        当变量的值等于值2时执行的代码
        break;
    …
    case 值n:
        当变量的值等于值n时执行的代码
        break;
    default:
        当变量的值不等于以上的值时执行的代码
}
```

switch 中的 case 语句相当于 if 语句中的 else if(条件变量名 == 值 n)，break 代表该代码段的结束，当所列出的值都不等于条件变量的值时，执行 default 中的代码，因此 switch 中的 default 相当于 if…else 语句中的 else，具体代码如下：

```
var condition = 3;
switch(condition )
{
    case 1:
        console.log("condition=1");
        break;
    case 2:
        console.log("condition=2");
        break;
    case 3:
        console.log("condition=3");
        break;
```

```
    default:
        console.log("condition=other number");
}
```


输出如图 2.44 所示。

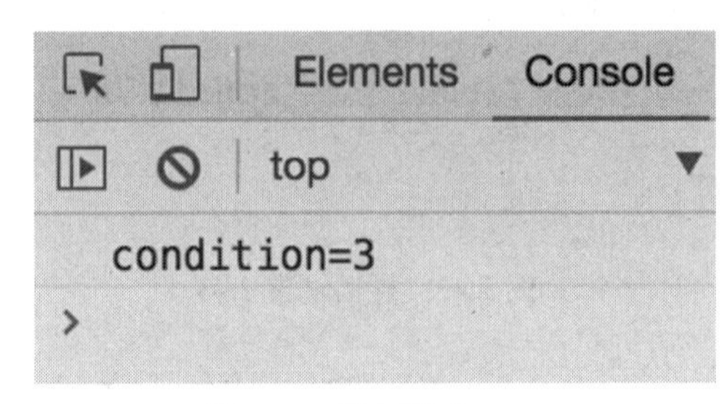

图 2.44　样例输出 2.44

需要注意的是，case 代码段的最后需要加 break 来表示运行后结束。如果不加 break，在运行完该 case 后会继续运行下一个 case 代码段的内容，直到遇到 break 或者执行完所有语句时才会结束整个 switch 语句，具体代码如下：

```
var condition = 1;
switch(condition )
{
    case 1:
        console.log("condition=1");
    case 2:
        console.log("condition=2");
    case 3:
        console.log("condition=3");
        break;
    default:
        console.log("condition=other number");
}
```

输出如图 2.45 所示。

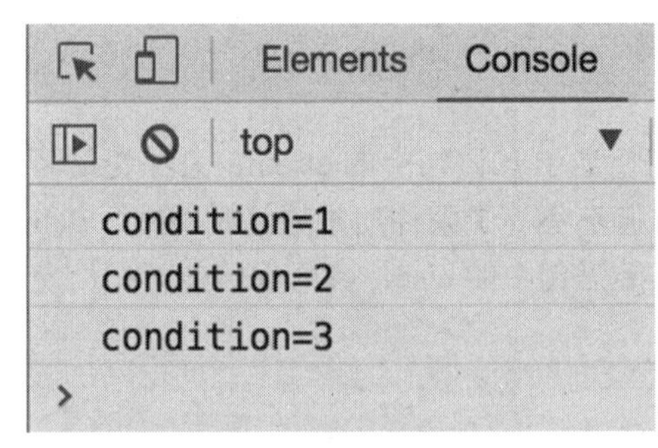

图 2.45　样例输出 2.45

另外，switch 语句中的 default 是可以省略的，当省略 default 时如果所有 case 都未执行直接退出 switch 语句，不执行任何语句。

2.5.3　循环语句

当程序需要重复执行同一段代码时，如果只用顺序结构的语句写法则需要反复编写相同的代码多次，当重复次数非常多时人工写那么多的代码几乎是不可能完成了。为了避免这种情况，JavaScript 中使用循环语句来实现反复执行同一段代码的功能。循环语句有三种，while 语句、for 语句和 do…while 语句。

1. while 语句

while 语句的写法类似于 if 语句，简单的 while 语句写法如下：

```
while(循环条件语句 )
{
    被循环执行的代码
}
```

其中当循环条件语句的返回值为 true 时重复执行大括号中的代码，直到条件语句的值为 false。但如果循环条件语句的值一直为 true 时，则会一直执行同一段代码直到浏览器崩溃。具体代码如下：

```
var tag = 1;
 while(tag < 5)
 {
     console.log("tag="+tag);
     tag++;
 }
```

输出如图 2.46 所示。

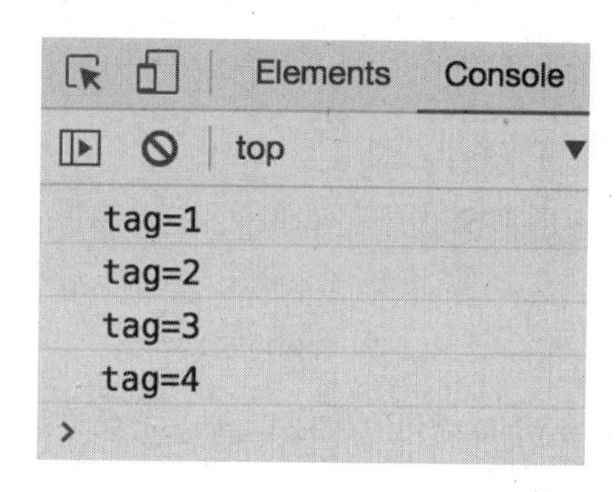

图 2.46　样例输出 2.46

根据输出显示可以看出 console.log("tag=" + tag)这个语句被执行了 4 次，tag 分别是从 1 到 4，当 tag 的值为 1～4 时，tag <5 的返回值为 true，就执行代码段中的语句；而当在 while 代码块中 tag 由 4 加到 5 时，tag < 5 的返回值变成了 false 就不能再执行大括号中的代码，自动退出 while 循环。

2. for

for 语句的写法如下：

```
for(语句1;循环条件语句; 语句2)
{
    被循环执行的代码
}
```

其中语句 1 是在被循环执行的代码段执行前执行的，而语句 2 则是在代码段执行后执行的。循环条件语句与 while 中的相同，当返回值为 true 时执行代码；当返回值为 false 时退出循环。因此如果把 for 语句改写成具有相同效果的 while 语句，写法如下：

```
for循环中的语句1
while( 循环条件语句 )
{
    被循环执行的代码
    for循环中的语句2
}
```

一般来说，for 语句中的语句 1 用于初始化对循环进行限制的条件变量，而语句 2 用于对条件变量进行更新，具体代码如下：

```
for(var tag = 1; tag < 5; tag++)
{
    console.log("tag="+tag);
}
```

输出如图 2.47 所示。

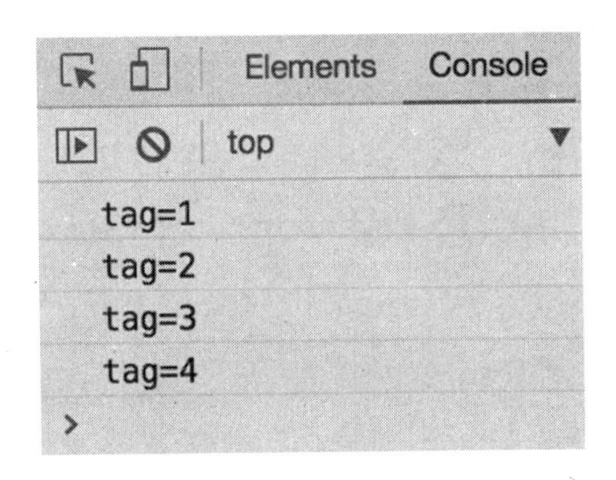

图 2.47　样例输出 2.47

这段代码的执行效果与 while 语句的示例代码的运行结果是相同的。通常情况下，for 循环和 while 循环是可以相互转换的。

3．do…while 语句

do…while 语句的写法如下：

```
do
{
    被循环执行的代码
}
while( 条件表达式 )
```

do…while 语句的写法像是把 while 语句倒过来写，但是它与 while 语句是有一定差别的。while 和 for 循环都是先判断条件表达式是否为 true，再执行代码；而 do…while 则是先执行代码再判断条件表达式返回值是否为 true，如果为 true 再执行下一个语句，具体代码如下：

```
var tag = 1;
```

```
do
{
    console.log("tag="+tag);
    tag++;
}
while( tag<5 )
```

输出如图 2.48 所示。

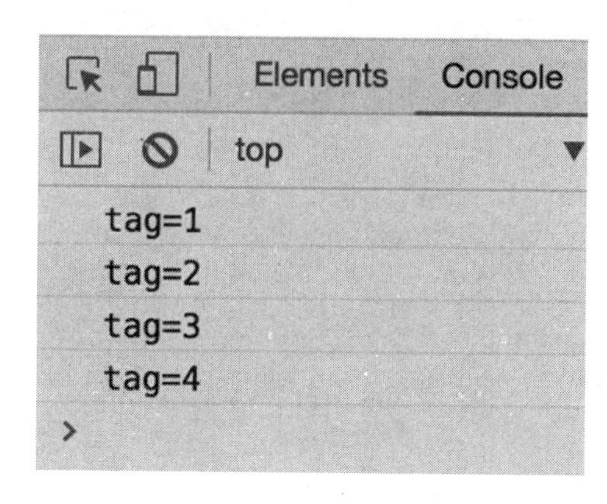

图 2.48　样例输出 2.48

虽然在这种情况下 do…while 和 while 的运行结果是相同的，但是在有些情况两者是有区别的，例如：

```
console.log("do···while start");
var tag = 1;
do
{
    console.log("tag="+tag);
    tag++;
}
while( tag < 1)
console.log(tag);

console.log("while start");
tag = 1;
while(tag < 1)
{
    console.log("tag="+tag);
    tag++;
}
console.log(tag);
console.log("end");
```

输出如图 2.49 所示。

从结果中可以看出，虽然不满足 tag< 1 这个限制条件，do…while 语句还是会将其代码块中的代码执行，然后判断不满足后退出循环。而 while 语句先判断不满足条件后直接退出循环，继续执行后面的代码，因此虽然 do…while 和 while 有时可以相互替代，但是在这种情况下，do…while 和 while 是存在区别的，不能相互转换，因此 do…while 相当于：

```
被循环执行的代码段
```

```
while( 条件表达式 )
{
    被循环执行的代码
}
```

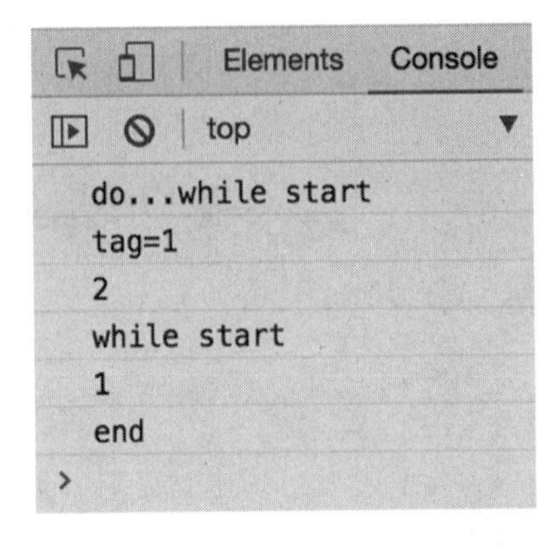

图 2.49　样例输出 2.49

4．for…in 语句

for…in 语句看起来像是 for 语句，但是其功能和写法与 for 语句区别较大，具体写法如下：

```
for( 循环变量 in对象/数组 )
{
    被循环执行的代码
}
```

其中的属性变量代表获取对象中的属性，for…in 语句的作用就是逐个获取某个对象中的所有属性名或者数组中的所有元素下标并在每次循环时保存在循环变量中，可以通过循环变量对其各个属性名或者数组元素的下标进行操作，具体代码如下：

```
var Student = { name : "XiaoMing",
            age : 18,
            gender : "male"
};

for(var prop in Student)
{
    console.log(prop+":"+Student[prop]);
}

var arr = new Array(4,5,6);

for(var elem in arr)
{
    console.log(elem+":"+arr[elem]);
}
```

输出如图 2.50 所示。

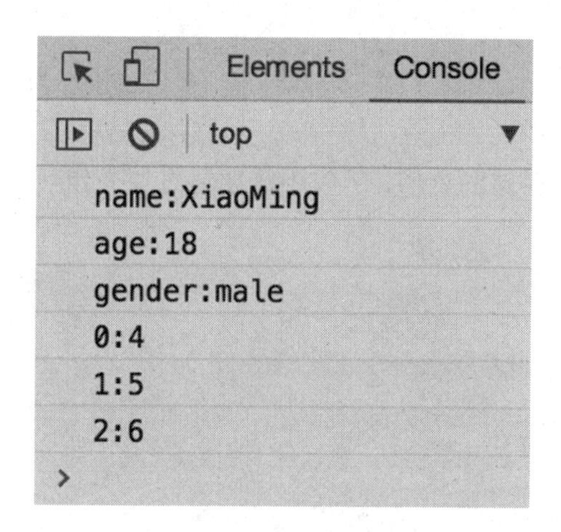

图 2.50　样例输出 2.50

实际上 for…in 语句还可以用来逐个获取字符串中的字符下标，字符串实际上是一个由字符元素组成的数组，因此可以用和数组相同的方法获取其元素下标，具体代码如下：

```
var str = "abc";

for(var n in str)
{
    console.log(n+":"+str[n]);
}
```

输出如图 2.51 所示。

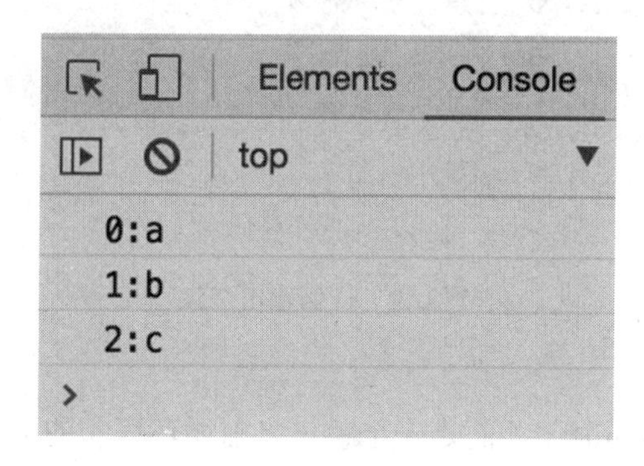

图 2.51　样例输出 2.51

需要注意的是，循环变量中保存的是对象的属性名和数组元素的下标，不是属性值和元素本身。而且 for…in 循环对于对象中的属性的获取顺序在不同情况下可能会发生改变，不能够保证和定义时的顺序相同。另外，在用 for…in 获取内置对象时，很多属性或者方法不能被获取。

5．for…of 语句

for…of 语句看起来很像 for…in 语句，其语法也和 for…in 语句相同，但是 for…of 语句的循环变量中存储的是数组元素的值，具体写法如下：

```
foreach(循环变量 in数组 )
```

```
{
    被循环执行的代码
}
```

因为循环变量中直接存储的是值，所以不需要通过原数组可直接调用，具体代码如下：

```
var arr = new Array(4,5,6);
for(var elem of arr)
{
    console.log(elem);
}

var str = "abc";
for(var c of str)
{
    console.log(c);
}
```

输出如图 2.52 所示。

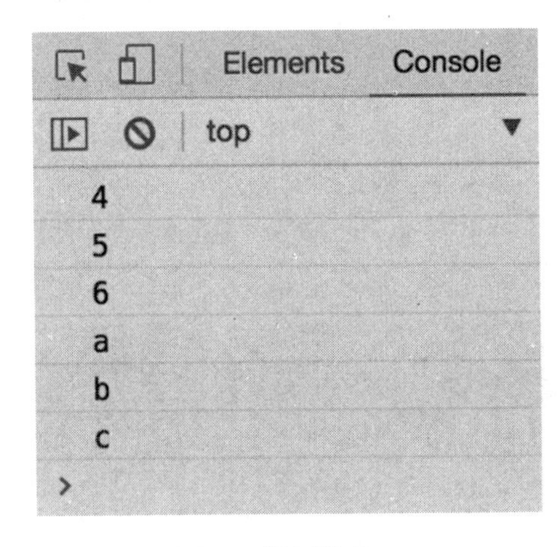

图 2.52　样例输出 2.52

6．break

break 并不是一个循环语句，而是一个跳出当前循环语句的语句，在 switch 语句中，break 用来在结束一个 case 时跳出 switch 语句，避免继续运行其他的分支。同样在循环语句中，当已经完成需要的循环次数时，为了避免循环语句继续运行，使用 break 语句来结束当前循环，具体代码如下：

```
var tag = 0;
while( true )
{
    console.log(tag++);
    if(tag>5)
    {
        break;
    }
}
```

输出如图 2.53 所示。

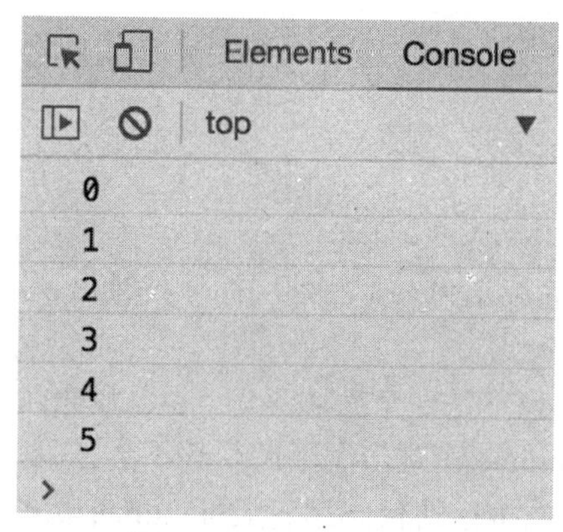

图 2.53　样例输出 2.53

不光在 while 语句中可以使用 break，在 for 语句、do…while 语句、for…in 和 for…of 语句中都可以使用 break 来跳出当前循环。而在嵌套语句中，除了跳出当前循环，还可以通过对循环语句标记而跳出高层循环。continue 也有类似指定循环进行下一轮的用法。具体代码如下：

```
for(var i = 0; i < 2; i++)
{
    for(var j = 0; j < 5; j++)
    {
        console.log("i="+i+";j="+j);
        if( j > 2)
        {
            break;
        }
    }
}
```

输出如图 2.54 所示。

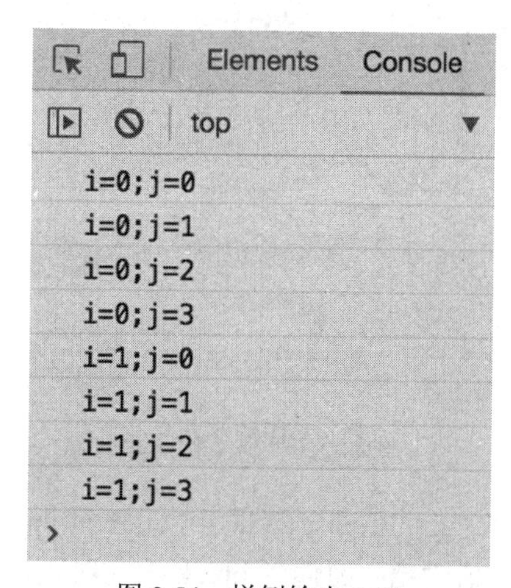

图 2.54　样例输出 2.54

从运行结果中可以看出，当遇到 if 语句中的 break 时内部的循环会被停止，而外部循

环则不会受到干扰。跳出高层循环的代码如下:

```
test: for(let i=0;i<10;i++){
  for(let  j=0;j<10;j++){
    console.log(i,j);
    if(i==3)break test;
  }
}
```

可以看到当 i 达到 3 之后标记为 test 的外层循环被跳出了。

7. continue

和 break 一样，continue 也不是一个循环语句，也是用来跳出当前循环的一个语句，用法也和 break 相同，只是 continue 在跳出循环后循环不会结束，而是继续运行下一个循环。因此循环会继续运行，只是被执行的代码运行到 continue 就结束了直接进入下一个循环，具体代码如下：

```
var tag = 0;
while( true )
{
    tag++;
    if(tag < 3)
    {
        continue;
    }
    console.log(tag);
    if(tag>5)
    {
        break;
    }
}
```

输出如图 2.55 所示。

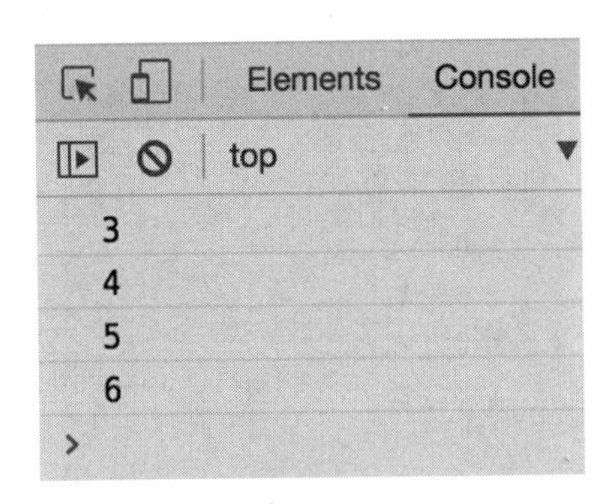

图 2.55　样例输出 2.55

从输出结果可以看出，当 tag 的值小于 3 时，执行 continue 语句直接进行下一个循环，并不会执行后续代码将 tag 的值输出。而遇到 break 语句时则整个循环结束。同样地，在嵌套循环中，continue 既可用于当前循环，也可以用于外层循环，语法类似于 break。具体代码如下：

```
for(var i = 0; i < 2; i++)
{
    for(var j = 0; j < 5; j++)
    {
        if( j < 3)
        {
            continue;
        }
        console.log("i="+i+";j="+j);
    }
}
```

输出如图 2.56 所示。

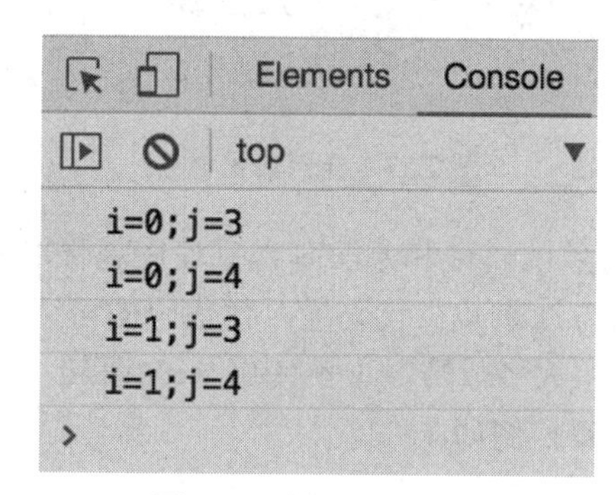

图 2.56　样例输出 2.56

从输出结果可以看出，当 j 的值小于 3 时，因为 continue 语句的关系会直接跳过后边的输出语句，但循环不会终止。而且外部循环也没有受到影响。

2.5.4　with 语句

with 语句是用来将特定对象的作用域添加到代码段中，具体写法如下：

```
with( 对象 )
{
    代码段
}
```

在 with 语句的代码段中，可以直接使用对象的方法名和属性名，不需要再在前面添加对象名，例如：

```
var Student = { name : "XiaoMing",
            age : 18,
            gender : "male",
            showname : function() {
                console.log("My name is " + this.name);
            }
};

with( Student )
{
    console.log(name);
    console.log(age);
    console.log(gender);
```

```
    showname();
}
```


输出如图 2.57 所示。

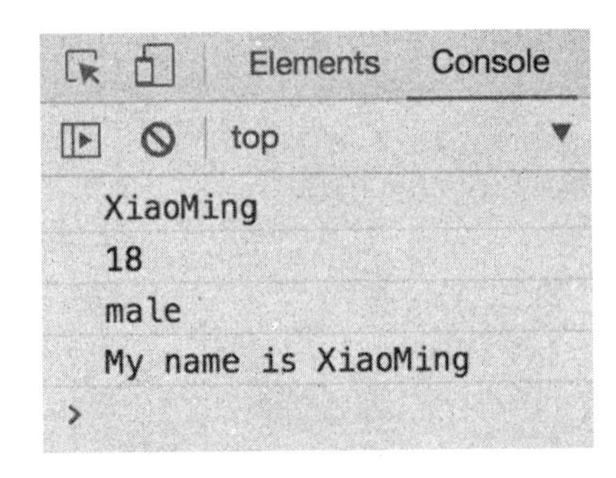

图 2.57　样例输出 2.57

在 with 语句中调用该对象的属性和方法时直接使用属性名和方法名就可以，因此当对象名比较长时可以使用这种方法来减少代码量，使代码的可读性变得更好。但是由于 with 语句的运行速度很慢，因此在大多数情况下不使用 with 语句，一种比较好的方式是创建一个新的变量来替代原有的对象，例如：

```
var Student = { name : "XiaoMing",
            age : 18,
            gender : "male",
            showname : function() {
               console.log("My name is " + this.name);
            }
};

var xm = Student;

console.log(xm.name);
console.log(xm.age);
console.log(xm.gender);
xm.showname();
```

输出如图 2.58 所示。

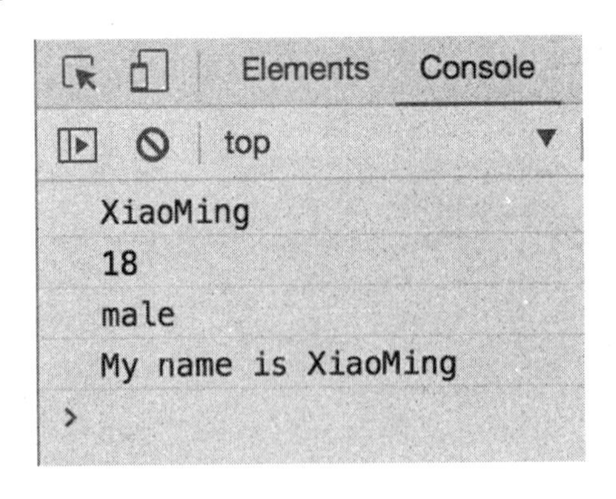

图 2.58　样例输出 2.58

其运行结果与使用 with 语句的结果相同，但是这种方式不会影响运行速度，因此推荐这种写法。

小　　结

本章主要介绍了 JavaScript 语言的基本语法，本章内容是 JavaScript 的基础内容，只有掌握了这些基本的语法才能够正确编写 JavaScript 程序，希望读者在阅读本章的过程中要多多练习给出的示例代码，并自己尝试编写代码将所介绍的内容融会贯通。

习　　题

1. 判断下列变量名是否规范。

（1）\u{23ff}abc

（2）$_GET

（3）_

（4）\uff4512345

（5）$

2. 判断下列语句是否符合 JavaScript 的语法（截至 ES10 版本）。

（1）a:int=1;

（2）var a = 3 or 4;

（3）chan1←10;

（4）let a = ”hello world!”;

（5）(foo a b)

（6）struct A{short a,b};

3. 给出下列语句的输出结果。

```
a: for(let i=0;i<10;i++){
    b: for(let j=10;j<20;j++){
        if(j==11)break a;
        for(let k=20;k<30;k++){
            console.log(i,j,k);
            if(k==22)continue b;
        }
    }
}
```

4. –17%4 的结果是什么？

5. 有“function A(){};”，那么 new A instanceof (new A).constructor 的结果是什么？

6. function a(){}+3 的类型和结果是什么？

7. 以下代码分别输出的是函数还是 3？为什么？

（1）var a; (function a(){});console.log(a);

（2）var a; function a(){};console.log(a);

（3）var a=3; function a(){};console.log(a);

8. ||和&&都只根据左操作数转化为布尔类型的值来决定返回左操作数还是右操作数，左操作数一定会被求值，但是如果可以直接返回左操作数，那么右操作数不做运算。根据这一点，回答下列问题。

（1）–0 || " " 的结果是什么？

（2）NaN && 3 || function(){}的结果是什么？

（3）有“var a={};”，那么“false || a;”的结果是什么？“a&&true;”的结果是什么？

第 3 章　JavaScript 进阶

本章学习目标

- 了解 JavaScript 的异常处理机制。
- 学习 JavaScript 函数的写法、用法和回调函数。
- 学习如何创建 JavaScript 对象和对象的用法。
- 熟悉 JavaScript 核心对象的用法。

本章详细介绍了 JavaScript 的异常处理机制、函数和对象的写法、用法和特点以及 JavaScript 的核心对象的特点以及用法。通过大量的示例代码让读者了解 JavaScript 代码的执行过程以及如何使用 JavaScript 的对象机制。

3.1　JavaScript 异常处理

在之前的 JavaScript 代码运行的过程中，一旦代码本身出现问题整个程序就需要被强制停止，这称为错误。这种情况下，在程序员调试代码的过程中这种错误往往会被改正，在以后的运行中不会再出现。而另一种情况是程序需要用户输入数据时，由于获取的数据类型可能与目标类型不符，这种情况也会产生错误导致程序中止。但是这种情况往往不是程序员所能控制的，一般这种问题被称为异常。

异常处理就是用来解决这些程序运行过程中产生的异常问题，当出现异常问题时 JavaScript 会抛出异常，而异常处理则是通过捕获这些错误根据不同情况进行处理，让程序不至于中止。

3.1.1　抛出异常

当运行产生错误时，JavaScript 会自动抛出异常，这些异常会显示在浏览器的控制台中，例如，在写 console.log( )语句时如果把 log 写错了：

```
console.lag("log写错了");
```

输出如图 3.1 所示。

可以看到 JavaScript 会自动显示所产生的错误，这就是 JavaScript 抛出的异常。但是开发者也可以编写自己的异常，并像 JavaScript 自动抛出的异常一样显示。创建异常需要用到 throw 语句，具体写法如下：

```
throw异常内容
```

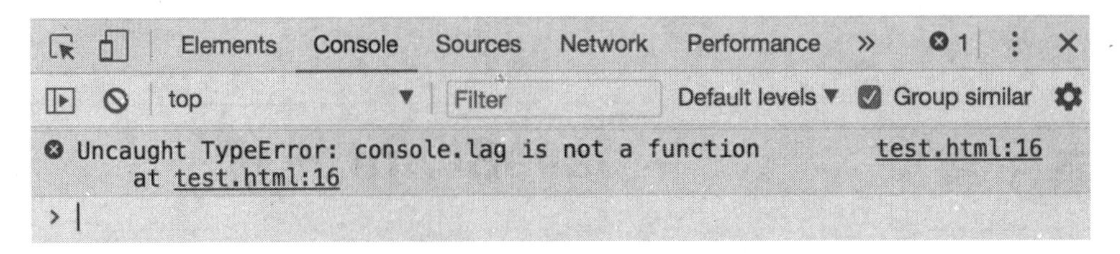

图 3.1　样例输出 3.1

其中异常内容可以是字符串、数字、表达式或者对象。利用 throw 程序员就可以创建自己的异常，例如：

```
var tag = 10;

if( tag >5 )
{
   throw "tag太大了";
}

console.log(tag);
```

输出如图 3.2 所示。

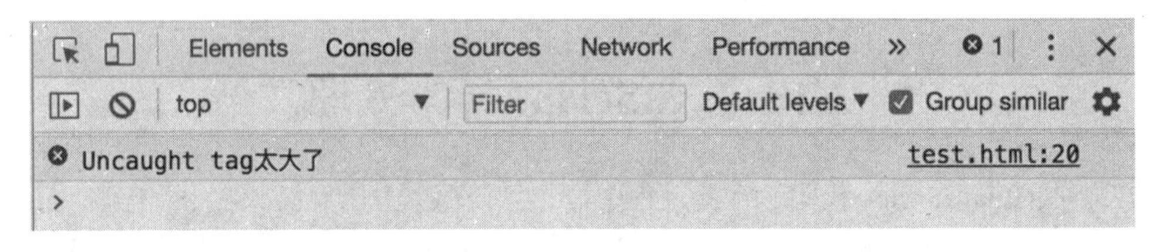

图 3.2　样例输出 3.2

从输出中可以看到，程序抛出了我们定义的异常，程序中止在抛出异常的地方，后面的语句并没有被执行，同样地也可以抛出一个错误对象，例如：

```
var tag = 10;

if( tag >5 )
{
   var err = new Error("tag太大了");
   throw err;
}

console.log(tag);
```

输出如图 3.3 所示。

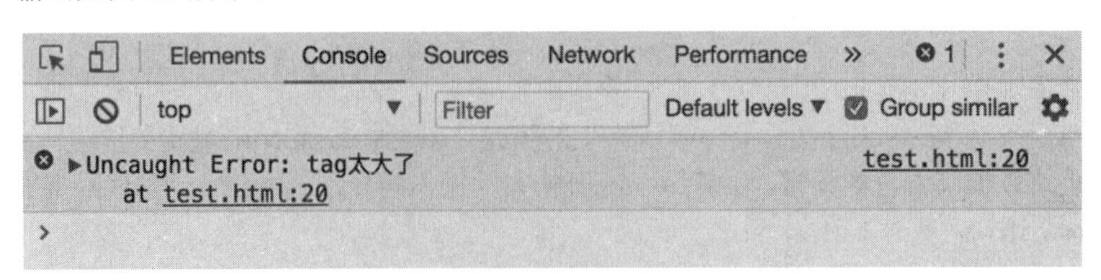

图 3.3　样例输出 3.3

我们可以看到如果抛出异常类型，与抛出字符串类型有一些差别，异常类型会给出程序出错的代码行数，虽然在抛出字符串类型异常后面也显示了行数，但是那是由 Chrome 浏览器给出的而不是由程序本身给出的，因此推荐在抛出异常时尽量抛出 Error 对象类型的异常。

在 JavaScript 中内置了几种不同的异常对象，不同的异常对象代表不同类型的异常，JavaScript 中异常对象如表 3.1 所示。

表 3.1 JavaScript 内置异常对象

异常对象	说明
Error	普通异常
SyntaxError	语法错误
Uncaught ReferenceError	读取未定义变量时产生的错误
RangeError	数字超出了规定范围产生的错误
TypeError	数据类型错误
URIError	URI 编码或解码产生的错误
EvalError	当 eval 函数没有正确执行时的错误

3.1.2 捕获异常

在样例输出 3.3 中我们虽然抛出了异常，但是程序运行到异常处还是中止了，并没有达到对异常进行处理的要求。如果要对异常进行处理，保证程序不中止，则需要用到 try…catch 语句来捕获异常，具体写法如下：

```
try{
    可能出现异常的代码段
}
catch(err)
{
    处理错误的代码段
}
```

对于可能出现错误的代码，将其放在 try 的代码段中运行，当其出现异常时，异常会被 catch 语句捕获，在 catch 语句的代码段中可以对错误进行处理。处理后程序不会中断，可以继续运行后续的代码，例如：

```
var tag = 10;
try{
    if( tag > 5 )
    {
        var err = new Error("tag太大了");
        throw err;
    }
}
catch(err)
{
    console.log(err);
    tag = 5;
}

console.log("tag=" + tag);
```

输出如图 3.4 所示。

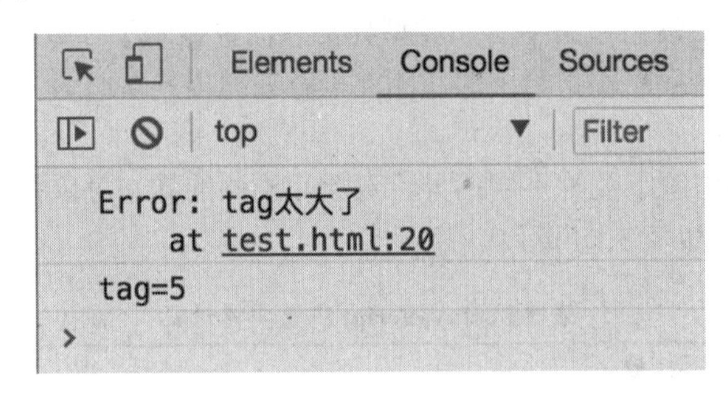

图 3.4　样例输出 3.4

从输出中可以看到，在 catch 语句中可以对抛出的异常进行处理，而且后续的代码可以被继续运行不会受到影响。其中异常类型既可以是 JavaScript 内部的异常，也可以是自己创建的异常，当异常是 JavaScript 内部异常时：

```
try{
    console.lag("log写错了");
}
catch(err)
{
    console.log(err)
}

console.log("这次写对了");
```

输出如图 3.5 所示。

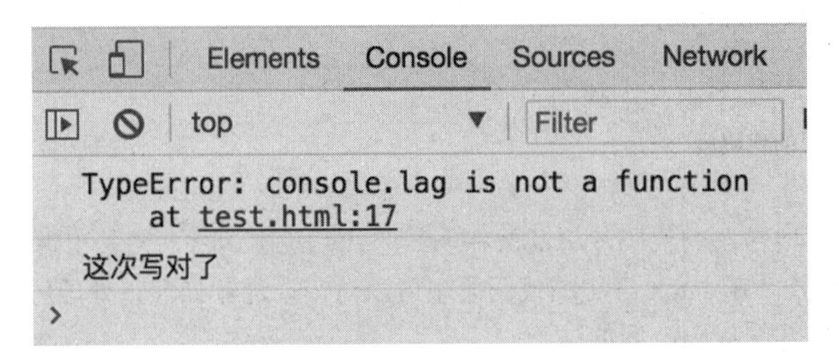

图 3.5　样例输出 3.5

在异常处理中即使是很严重的语法错误，也不会导致程序中止。在 try 代码段中可以包含多个 throw 语句，但是当执行到第一个 throw 语句时会直接跳转到 catch 中，不会继续执行 try 代码段中的后续代码，例如：

```
var tag = 10;
try{
    if( tag > 5 )
    {
        throw new Error("tag太大了");
    }
    console.log("不会被执行");
```

```
    throw "不会抛出";
}
catch(err)
{
    console.log(err);
}
```

输出如图 3.6 所示。

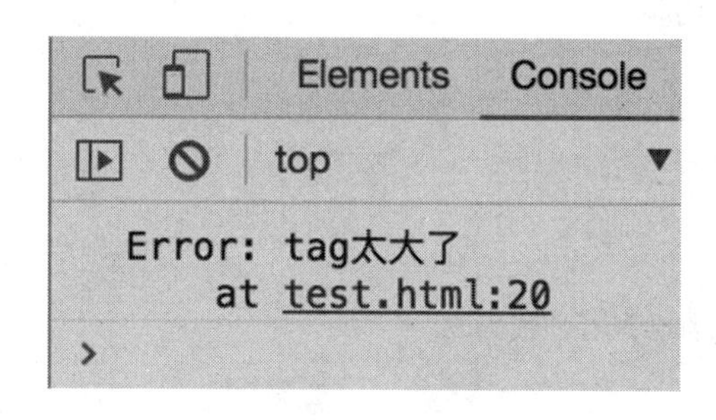

图 3.6　样例输出 3.6

在 try 代码中执行一次 throw 语句就不会再继续执行后续语句也不会抛出其他异常，因此在 try 语句中可以通过 if 语句来抛出不同种类的异常。但是当 try 代码中没有异常被抛出时则不运行 catch 语句中的代码，例如：

```
var tag = 10;
try{
    if( tag < 5 )
    {
        throw "tag太小了";
    }
}
catch(err)
{
    console.log("不会被执行");
}

console.log("执行结束");
```

输出如图 3.7 所示。

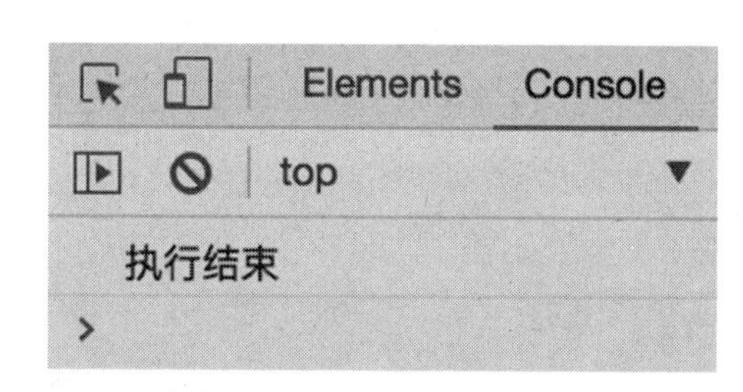

图 3.7　样例输出 3.7

从结果中可以看出，当没有异常抛出时，JavaScript 会跳过 catch 语句直接执行后面后续的代码。

3.1.3 finally 语句

finally 语句是用在 try…catch 语句之后用来执行异常处理后的代码的语句，不能单独使用，只能在 try…catch 语句后紧接着使用。具体写法如下：

```
try{
    可能出现异常的代码段
}
catch(err)
{
    处理错误的代码段
}
finally
{
    无论是否出现异常都会运行的代码段
}
```

无论 try 语句中是否有异常抛出，在 try…catch 语句结束之后都会运行 finally 中的语句，例如：

```
var tag = 10;
try{
    if( tag < 5 )
    {
        throw new Error("tag太小了");
    }
}
catch(err)
{
    console.log(err);
}
finally
{
    console.log("没有异常抛出");
}

try{
    if( tag > 5)
    {
        throw new Error("tag太大了");
    }
}
catch(err)
{
    console.log(err);
}
finally
{
    console.log("有异常抛出");
}
```

输出如图 3.8 所示。

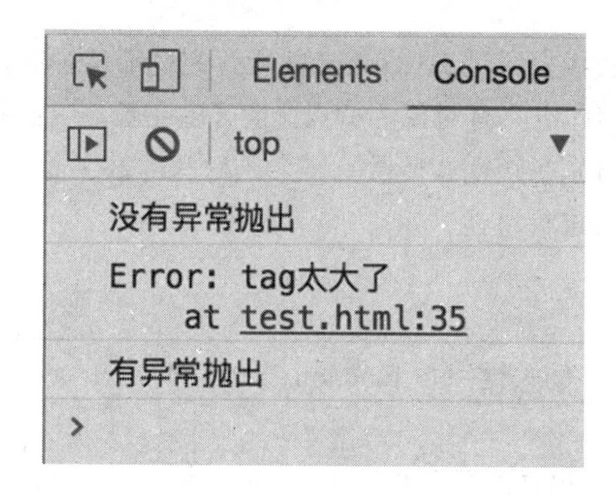

图 3.8 样例输出 3.8

从输出中可以看出，无论 try 语句中是否有异常抛出，都会执行 finally 语句中的代码。实际上 finally 语句可以省略，被省略后也可以继续运行后面的代码，无论是否抛出异常。

3.2 JavaScript 函数

3.2.1 JavaScript 函数简介

对于几乎所有的高级语言，函数几乎都是十分核心的一个部分。函数是相对于作用域相对独立的一个部分，只有在被调用的时候才会执行，因此函数可以被反复调用执行其中的代码。JavaScript 内置了许多函数可供开发人员进行调用，开发人员也可以编写自己的函数来实现特定的功能。一般需要重复调用的一段代码会被写在函数中，避免同样的代码需要重写多次，极大地提高了代码的可读性和简洁性，例如：

```
functioncallName( name )
{
   console.log("我叫"+name);
}

callName( "小明");
callName( "小红");
callName( "小刚" );
```

输出如图 3.9 所示。

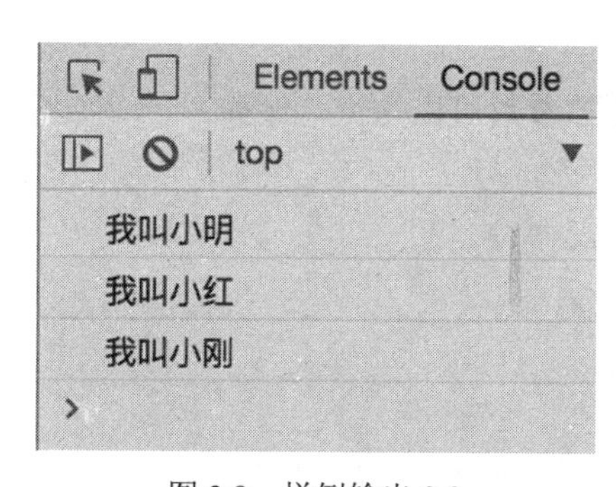

图 3.9 样例输出 3.9

在前面的章节中，我们介绍过 JavaScript 的所有类型都是对象。JavaScript 的函数实际上也是一种对象类型，因此也具有对象的特点，也可以在函数中嵌套函数。JavaScript 的函数有 3 种不同的类型，分别是声明式函数、匿名函数和函数字面量或函数表达式。在后面的章节中我们会逐个对其进行讲述。

3.2.2 函数的声明

JavaScript 中声明函数的关键字是 function，对不同种类的函数其定义语句是不同的。

1．声明式函数

声明式函数是最简单也是最常见的一种声明方法，与其他语言的函数的声明基本一致，具体写法如下：

```
function 函数名(参数1, 参数2, …, 参数n)
{
   函数体
}
```

从其定义语句可以看出，用这种方法定义函数和 C 语言，与 Java 语言类似，声明后可以直接通过函数名进行调用，例如：

```
functioncallName( name )
{
   console.log("我叫"+name);
}

callName( "小明");
```

输出如图 3.10 所示。

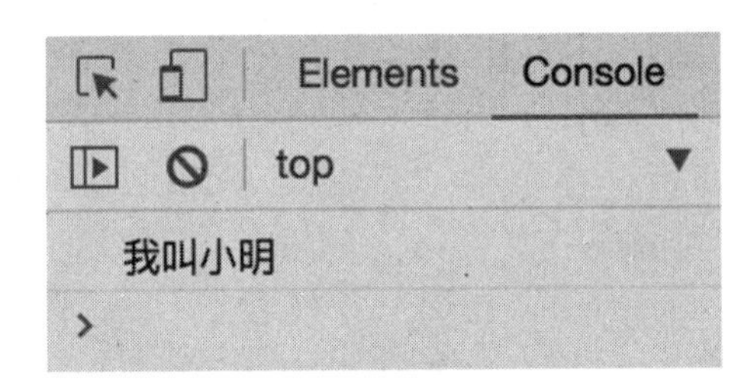

图 3.10　样例输出 3.10

在函数的定义中，函数的参数可以为空，例如：

```
functionsayHello(){
   console.log("Hello!");
}

sayHello();
```

输出如图 3.11 所示。

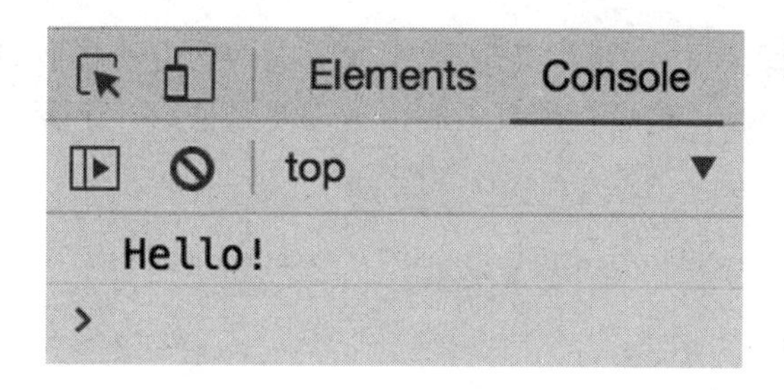

图 3.11　样例输出 3.11

2．函数字面量

函数字面量是一个定义函数的最直接的方法，具体写法如下：

```
function (参数1, 参数2, …, 参数n)
{
    函数体
}
```

用这种方法声明的函数是不需要写函数名的，在这种情况下如果要通过一个把函数字面量赋给一个变量来作为其函数名，例如：

```
var callName = function ( name )
{
    console.log("我叫"+name);
}

callName( "小明");
```

输出如图 3.12 所示。

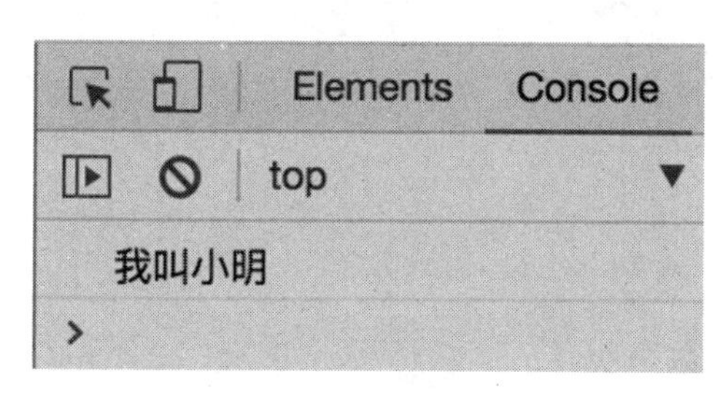

图 3.12　样例输出 3.12

从输出结果可以看出，用函数字面量的方法定义的函数和声明式函数达到的效果是相同的，只是把函数名放的位置不同。

3．匿名函数

我们在本节开头提到，JavaScript 中的函数实际上也是一个对象，因此也可以通过调用对象的构造函数来定义函数。这时需要使用 new 关键字来创建一个函数对象，具体写法如下：

```
new Function ( "参数1", "参数2",…,"参数n", "函数体" );
```

需要注意的是，此时的“Function”的“F”是大写的，代表函数对象类型而不是定义函数的关键字 function；参数的前后端需要添加引号；而且此时的函数体并不是写在大括号中，而是作为参数写在引号之间。与函数字面量的声明方法相似的是，通过创建一个函数对象的方法声明的函数也是没有函数名的，也需要赋值给一个变量来作为其被调用时的函数名，例如：

```
var callName = new Function( "name", "console.log('我叫'+name);");

callName( "小明");
```

输出如图 3.13 所示。

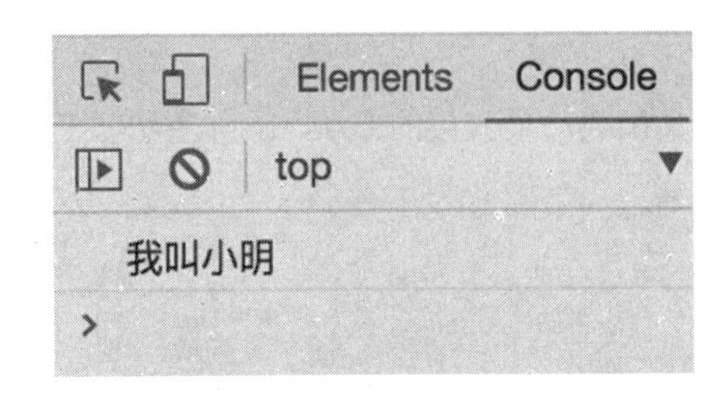

图 3.13　样例输出 3.13

需要注意的是，用匿名函数方法声明的函数体中如果需要出现双引号需要使用转义符或者使用单引号来代替，否则会因为与函数体外层的双引号匹配而产生歧义进而报错。

从输出中可以看出，无论用 3 种函数类型的哪一种，只要参数和函数体不变，运行的结果是相同的，开发者可以根据不同情况和自己的喜好来选择函数类型使用。

但是这些定义方式还是有细微差别的：

```
function a(){
   var c=1;
   console.log("1",b);
   function b(){
     console.log("2",b);
   }
   b();
}
```

这里的 b 的定义是函数声明式：

```
function a(){
   var c=1;
   var d=function b(){
      console.log("1",b,d);
   }
   d();
   console.log("2",d);
   console.log("3",b);//error
}
```

这里的 b 的定义是函数表达式，或者叫函数字面量。

函数声明式和函数表达式中的函数名位于不同层次的定义域中。

简而言之，位于表达式中的函数定义是函数表达式，而孤立的则是函数声明式。

函数声明式在函数执行之前就生成了函数对象，而函数表达式则没有。

3.2.3 函数的嵌套

JavaScript 可以在函数中声明其内部的函数，与在对象中创建一个内部对象是一样的道理，3 种函数类型都可以，这里以声明式函数为例，具体写法如下：

```
function 外部函数名 (外部参数1, 外部参数2, …, 外部参数n)
{
    function 内部函数名(内部参数1, 内部参数2, …, 内部参数n)
    {
        内部函数体
    }
}
```

其他两种函数类型的写法类似，只是具体语句有变化，一个计算长方体体积的示例代码如下：

```
function instro( name, age)
{
    function callName( name )
    {
        console.log("我叫"+name);
    }

    callName(name);
    console.log("我今年"+age);
}

instro("小明", 18);
```

输出如图 3.14 所示。

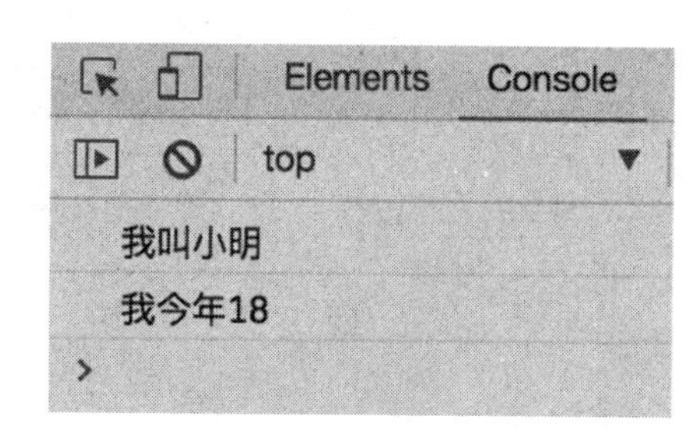

图 3.14 样例输出 3.14

需要注意的是，内部函数是不能在外部函数外被调用的，如果在外部函数外调用内部函数会报错。

3.2.4 函数的返回值

与其他语言相同，JavaScript 的函数也可以有返回值，用 return 语句来定义函数的返回值，具体写法如下：

```
return 返回值;
```

其中函数的返回值可以是 JavaScript 中的任何变量或直接量类型，具体写法如下：

```
function add( a, b ){
    return a+b;
}

console.log(add(1, 2));
```

输出如图 3.15 所示。

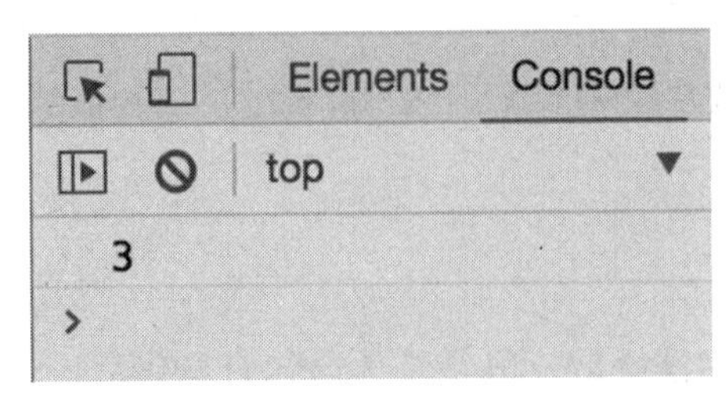

图 3.15　样例输出 3.15

此时函数可以作为和返回值的类型相同的变量使用。JavaScript 中因为函数也是对象，所以函数的返回值也可以是函数，例如：

```
function add( a, b ,c){
    var sum = a + b;
    return function( c, sum ){
        return c+sum;
    };
}

console.log(add(1, 2, 3));
console.log(add(1, 2, 3)(1,2));
```

输出如图 3.16 所示。

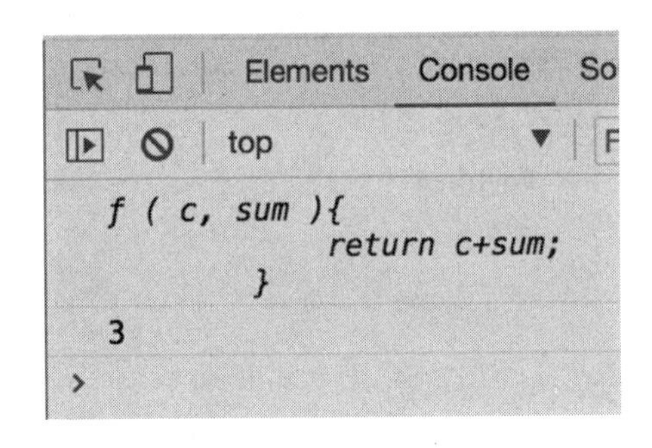

图 3.16　样例输出 3.16

需要注意的是，当函数的返回值是函数时，返回的不是被返回函数的返回值，而是被返回的函数作为一个对象被返回。其返回后的函数可以作为普通函数直接调用，因此会出现代码中的两个括号连着使用的情况。再通过调用被返回函数才能获取其返回值。

3.2.5　函数的参数传递

函数的一个主要的组成部分就是参数，一个函数可以包含 0 个或多个参数，JavaScript 在传递参数时是不能控制参数的类型也不会检查参数的个数的。具体示例如下：

```
function add(a, b){
    return a+b;
}

console.log(add(1));
console.log(add(1, 2));
console.log(add(1, 2, 3));
console.log(add(1, a));
```

输出如图 3.17 所示。

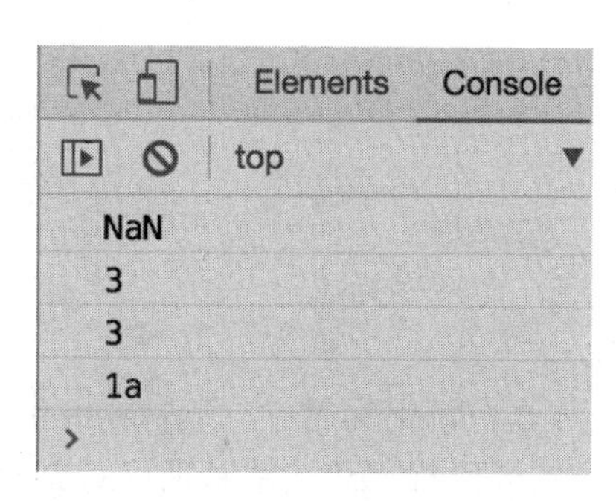

图 3.17　样例输出 3.17

从结果中可以看出，当输入参数只有 1 个时，a 的值为 1，而 b 的值因为没有参数所以默认为 undefined，因此返回的结果不是数字而是 NaN，NaN 是 JavaScript 中的内置常量之一；当输入参数有两个时，a 和 b 分别为 1 和 2，其返回值为相加结果 3；当输入参数多于两个时，因为只用到两个参数所以后面的参数被省略了，返回值也为 3；而当输入类型与需要的数字类型不符时，1 和 a 相加会自动转换为数字和字符串相加从而得到 1a 的结果。因此可以看出当函数传递参数时，JavaScript 本身是不会对传入的参数进行控制的，其作用只会体现在运行函数体代码的过程中。

另外，在 JavaScript 的函数中所有的参数传递都是值传递，传递后不会改变被传入的参数本身，例如：

```
function add( x )
{
    x++;
}

var x = 1;
add(x);
console.log(x);
```

输出如图 3.18 所示。

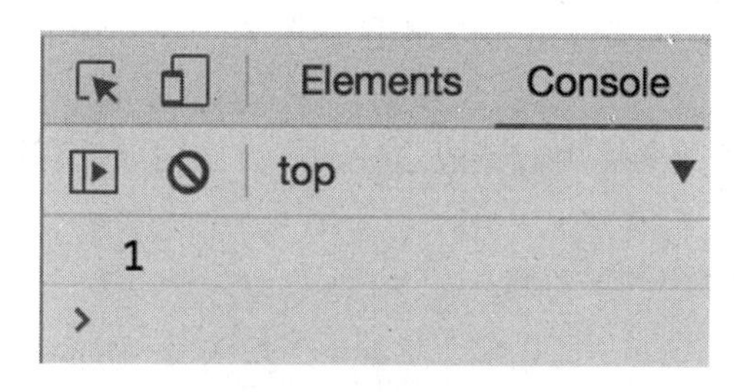

图 3.18　样例输出 3.18

从结果中可以看到，虽然在函数 add 中对传入的参数 x 进行了自加，也就是在函数内部对参数 x 自加了，但是并不会影响函数外部的变量 x，因此 x 的输出结果还是 1。

注意，对象的值并不能是对象本身，而是对象引用，所以我们传入对象引用后，通过对象引用可以对对象进行修改，但是作为函数实参的对象引用和传给函数的对象引用并不是同一个。

```
var c={b:0};
console.log(1,c);
function a(o){
  o.b=1;
}
a(c);
console.log(2,c);
```

可以看到 c 的 b 属性先为 0，而后变为 1。

函数有一个隐藏参数 this。

如果函数没有绑定 this，那么在调用的时候，运行期间函数内的 this 都为调用语句最右侧“.”左边的部分，如果这部分没有，那么就是顶层对象如 window，当然如果函数绑定了 this，那么 this 就指向绑定的那个对象，一般通过 Function.prototype.bind/call/apply 绑定 this。

注意 this 的判定是运行时判定的，而且当前的 this 只是当前函数的 this，而不是调用栈下方的函数的 this。牢记这一点，就不会因为函数内定义函数而混淆 this。

在 ES6 的箭头函数中这种判定发生了变化，因为箭头函数内的 this 指向调用链左边的 this，也就是说箭头函数的调用没有覆盖这个 this 参数。

举例如下：

```
var a={b(){console.log(this);}};
var c=a.b;
a.b();
c();
c.bind(c)();
```

可以看到第一个输出的是 a 对象，而第二个输出的是 window 对象，第三个输出的是 a.b 对象。注意对象的方法，虽然称呼上从属于对象，但是实际上它是一个独立的函数，只是对象有一个指向它的属性而已，甚至 this 也只是运行时传入的。

3.2.6 函数的调用

编写函数的目的是为了能够调用函数来处理一些事务，JavaScript 中调用函数主要分为 4 种方式：直接调用、在表达式或语句中调用、函数的递归调用、在事件中调用。

1. 直接调用

直接调用就是通过函数名调用，一般这种调用方法用于没有返回值的函数，例如：

```
function sayHello(){
    console.log(sayHello());
}

sayHello();
```

输出如图 3.19 所示。

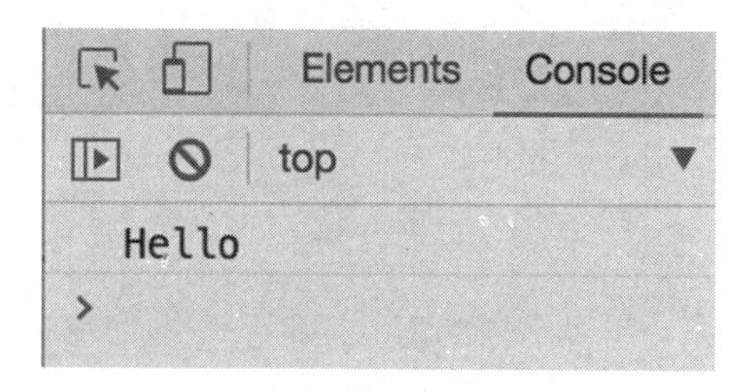

图 3.19　样例输出 3.19

实际上，有返回值的函数也可以直接调用，只是通常有返回值的函数都是用来获取其返回值，平时一般不直接调用而已。

2．在表达式或语句中调用

这种调用一般是针对有返回值的函数，例如：

```
function add( x ){
    return x+1;
}

console.log(1+add(2));
```

输出如图 3.20 所示。

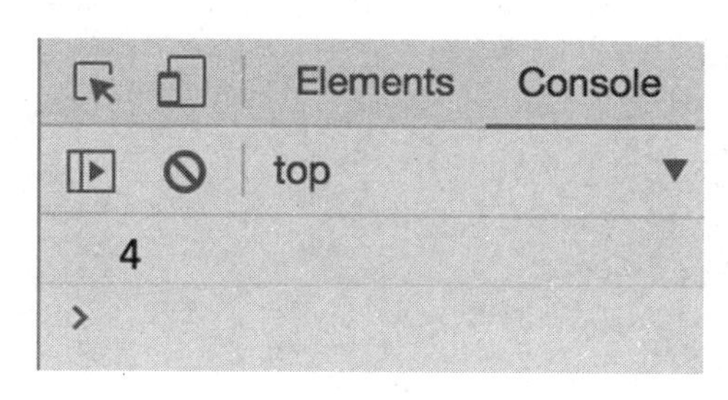

图 3.20　样例输出 3.20

此时的函数可以作为与返回值类型相同的变量来调用。

3．函数的递归调用

函数被自身调用被称为函数的递归调用，函数是可以被其他函数调用的，其调用方式与在函数外调用相同。而函数调用自己是一个特殊情况，递归会让函数反复调用自己本身，达到类似于循环的效果，一般来说循环能实现的效果，递归都能够实现。

斐波那契数列是一个十分著名的数列，其第 n 项 F(n) = F(n-1) + F(n-2)，其中 F(0) = 1，F(1) = 1。如果需要求斐波那契数列的第 n 项，就要反复使用其之前的项来累加，此时使用递归就可以很好地解决这个问题，具体代码如下：

```
function F( n ){
    if( n == 0 || n == 1)
    {
        return 1;
    }
```

```
    else
    {
        return F( n - 1 ) + F( n - 2 )
    }
}

console.log("F(5)="+F(5));
console.log("F(6)="+F(6));
```


输出如图 3.21 所示。

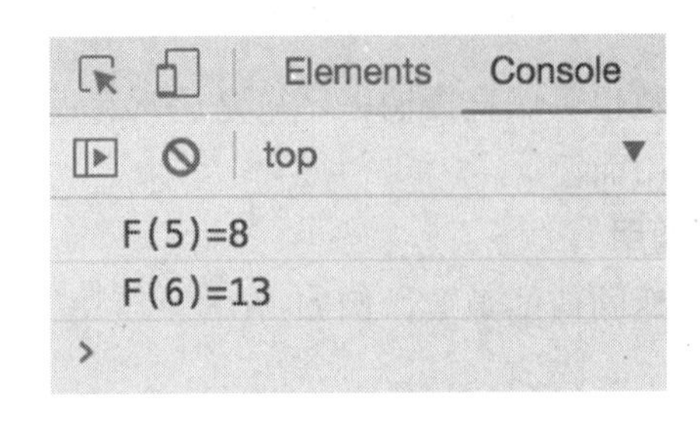

图 3.21　样例输出 3.21

通过在函数 F(n)中调用其本身来获取其之前的项，直到当 n 等于 0 和 1 时返回值，然后从 F(2)逐个计算各项值，直到返回给 F(n)函数 F(n–1)和 F(n–2)的值。它是一个从 n 到 0 再返回到 n 的过程，例如：

```
function ite( n )
{

    if( n == 0 )
    {
        console.log(0);
    }
    else{

        console.log("前"+n);
        ite(n-1);
        console.log("后"+n);
    }
}

ite(4);
```

输出如图 3.22 所示。

可以看到函数在递归调用时的内部执行顺序是，先执行递归语句前代码，然后进入递归的下一层函数，在递归完毕后再执行后续的代码。需要注意的是，递归不能无限次执行，会导致内存栈的溢出而报错，例如：

```
function it()
{
    it();
}

it();
```

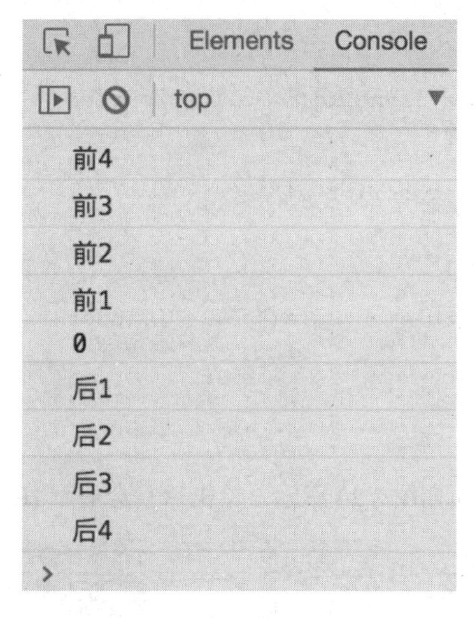

图 3.22　样例输出 3.22

因此在写递归函数时，需要给一个递归结束的标志，防止这种情况的发生。

输出如图 3.23 所示。

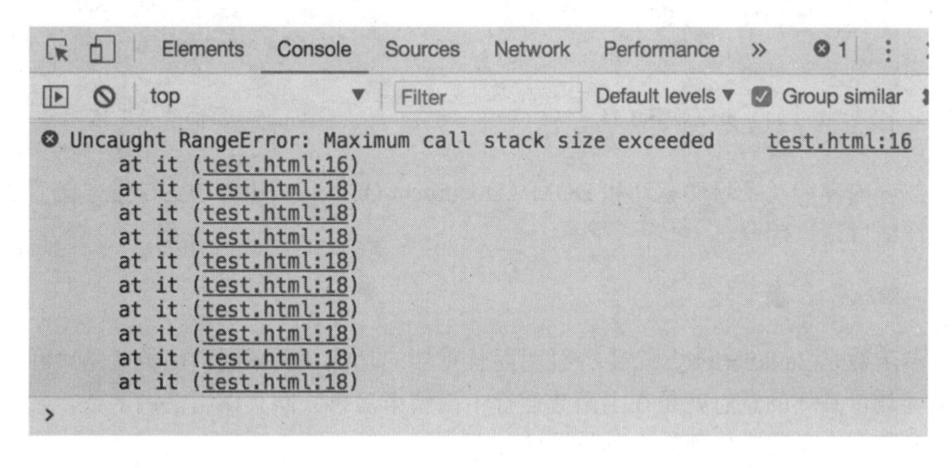

图 3.23　样例输出 3.23

4．在事件中调用

这部分需要与 HTML 代码结合起来，因为 JavaScript 是基于事件驱动的语言，所以当页面中触发了某个事件时，JavaScript 可以响应这个事件。因此在事件中调用函数实际上就是用函数响应某个事件，例如：

```
<!DOCTYPE html>
<html lang="en">

<head>
<meta charset="UTF-8">
<title>test</title>
```

```
</head>
<body>
    <button onclick="sayhello()">click</button>
    <p id="hello"></>
</body>
<script language="javascript1.6">

    function sayhello()
    {
        document.getElementById("hello").innerHTML = "Hello!";
    }

</script>
</html>
```

当未单击按钮时，页面如图 3.24 所示。单击后就会显示 Hello 字样，如图 3.25 所示。

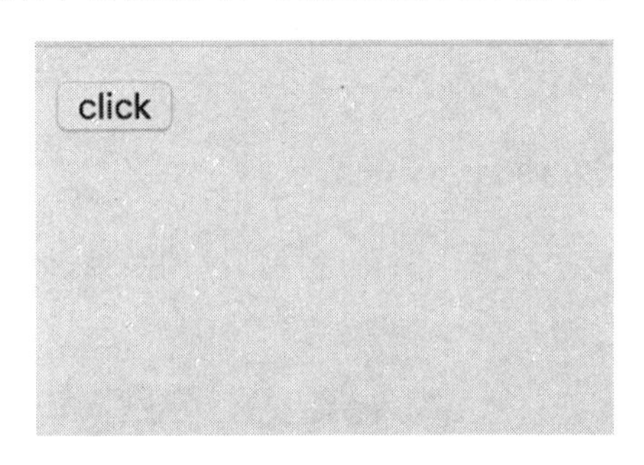

图 3.24　页面效果 3.24

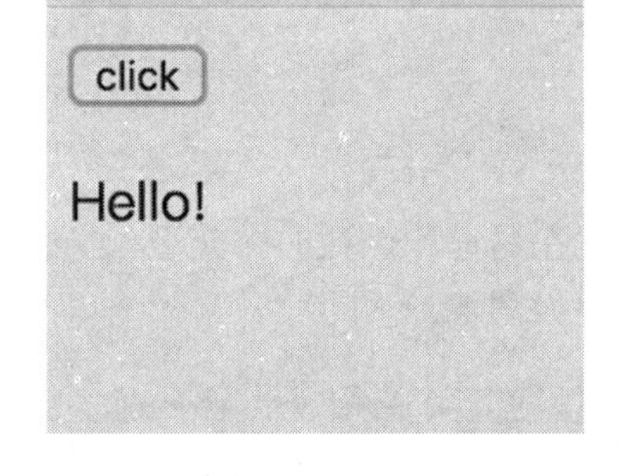

图 3.25　页面效果 3.25

这部分内容涉及了事件驱动和 DOM（Document Object Mode）中的部分，在后面的章节中会详细讲述这部分。

3.2.7　回调函数

回调函数是 JavaScript 一个十分鲜明而且重要的功能，所谓回调函数就是“回头再调用”的函数，具体的意思就是在主函数运行中或结束后再去回头调用回调函数。回调函数是作为参数在主函数中出现的，具体写法如下：

```
function 主函数名( 参数1, 参数2, …, 参数n, 回调函数)
{
    主函数体
}
```

其中回调函数的函数体可以写在主函数外也可以直接写在参数的括号中，例如：

```
function mainFunc( callback )
{
    callback();
    console.log("我是主函数");
    callback();
}
```

```
function callbackFunc (){
    console.log("我是回调函数");
}

mainFunc(callbackFunc);
```

输出如图 3.26 所示。

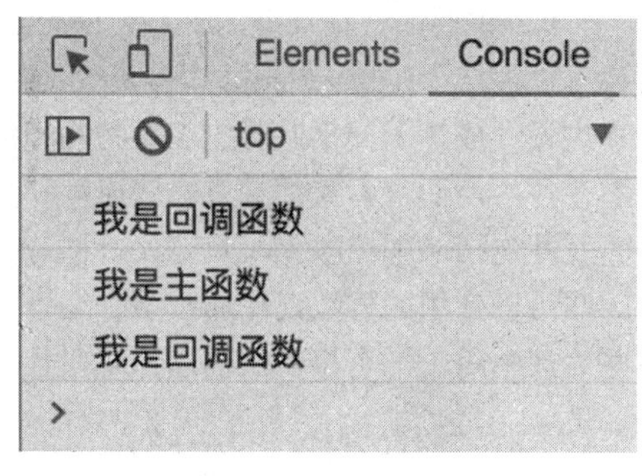

图 3.26　样例输出 3.26

可以看到当回调函数作为参数传入主函数后，在主函数中随时可以调用。另一种匿名函数的回调函数写法也可以达到同样的效果，例如：

```
function mainFunc( callback )
{
    callback();
    console.log("我是主函数");
    callback();
}

mainFunc(function(){
    console.log("我是回调函数");
});
```

输出如图 3.27 所示。

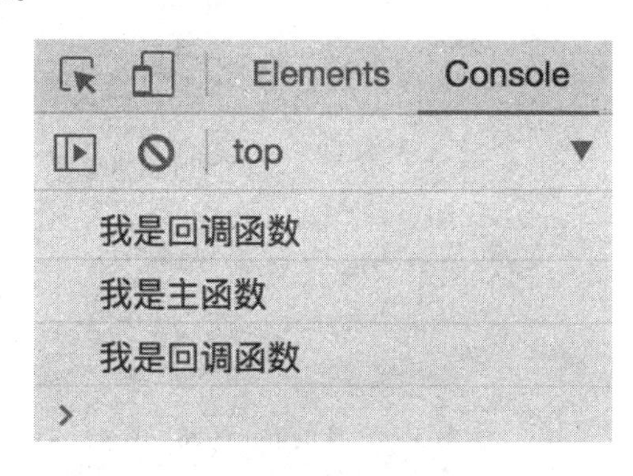

图 3.27　样例输出 3.27

这两种写法的输出结果是相同的，开发者可以根据自己喜好选择一种写法来为函数编写回调函数。

3.3 JavaScript 对象

3.3.1 对象简介

对象是 JavaScript 中一种十分重要的数据类型，而且在 JavaScript 中实际上所有的类型实际上都是对象，因此对象可以被认为是 JavaScript 语言最大的特点所在。

对象就是尽可能地把事物设计成与人类平时对自然事物的理解相同。因为现实生活中的事物不会是抽象的或者不存在的，而且本身都具有一些属性和方法。就比如我们平时使用的笔记本电脑，它本身的属性包括品牌、颜色、尺寸、价格等，这些属性都是实际存在的，而且笔记本电脑也有一些可以使用的方法，比如打字、编程等。这也是用户可以直接使用的，而对象就是把这些生活中对于一个事物的描述体现在代码中，下面以笔记本电脑为例定义一个对象：

```
var laptop = {
    color : "black",
    brand: "apple",
    price: 10000,
    program : function (){
        console.log("可以用来编程");
    }
};
```

用这种方法我们就可以创建一个笔记本电脑的对象，和现实生活中一样，这个对象有颜色、品牌和价格这些属性，同时也具有编程这种方法可供使用。用户就可以通过这个对象来对其属性和方法进行操作和调用，例如：

```
console.log( laptop.color );
laptop.program();
```

输出如图 3.28 所示。

图 3.28 样例输出 3.28

虽然这样看起来似乎与直接编写一系列变量区别不大，但是如果当程序中需要包括多台笔记本电脑时，其类型结构都是相同的，都是笔记本电脑。只是属性上存在差异，此时只需要通过提供一种笔记本对象的创建方法，从而创建多个笔记本对象就方便了许多。

3.3.2 对象的创建和使用

在 3.3.1 节中创建 laptop 对象时，我们直接对其赋值了一个对象类型，但是如果要创建多个不同属性或方法的笔记本对象时用这种方法就要重复写很多遍相同的代码。因此在创建对象时可以使用构造函数来实现只用一段代码就可以创建多个相同结构对象，例如：

```
function laptop(color, brand, price){
    this.color = color;
    this.brand = brand;
    this.price = price;

    this.program  = function(){
        console.log("可以用来编程");
    }
}
```

这样构造函数就可以创建一个对象了，其中 this 指的是被创建的对象，this.color 指的就是被创建的 laptop 对象的 color 属性。因此 this.color = color 就是使被创建的函数的 color 属性值等于构造函数的参数 color 的值。这是对象的构造函数，而当创建对象时则需要使用“new”运算符，例如：

```
laptop1 = new laptop("white", "apple", 10000);
laptop2 = new laptop("black", "acer", 9000);
```

通过构造函数和 new 运算符就可以创建多个相同结构的对象，创建后的使用方法与直接赋值创建的对象相同，例如：

```
console.log(laptop1.brand);
laptop2.program();
```

输出如图 3.29 所示。

图 3.29　样例输出 3.29

通过构造函数就可以创建多个对象，可以通过传入参数的不同来控制每个对象之间的差异。当然构造函数也可以不带参数，那样创建出来的多个对象的属性值和方法是相同的。

3.3.3 原型对象

原型对象是一个特殊的对象，当我们创建函数时，JavaScript 就会自动创建一个原型对象，而被创建函数会默认创建一个 prototype 属性来指向原型对象，而对于原型对象也会有一个 constructor 属性指向了原函数。因此对于对象的构造函数也存在这样一个原型对象，可以通过 prototype 属性来进行访问，例如：

```
function laptop(color, brand, price){
    this.color = color;
    this.brand = brand;
    this.price = price;

    this.program  = function(){
        console.log("可以用来编程");
    }
}

console.log(laptop.prototype);
```

输出如图 3.30 所示。

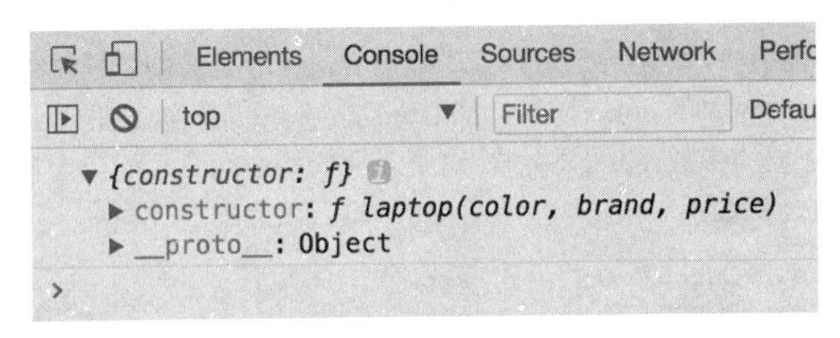

图 3.30　样例输出 3.30

输出结果是一个对象，内部有一个 constructor 指向了原函数，这个对象就是原型对象，在获取原型对象后可以通过修改原型对象的方法和属性来改变所有以该原型对象为原型的对象的方法和属性，例如：

```
function laptop(color, brand, price){
    this.color = color;
    this.brand = brand;
    this.price = price;

    this.program  = function(){
        console.log("可以用来编程");
    }
}

var laptop1 = new laptop('black','apple',10000);

laptop.prototype.size = 15;
laptop.prototype.game = function(){
    console.log("可以用来玩游戏");
}

console.log(laptop1.size);
laptop1.game();
```

输出如图 3.31 所示。

在定义 laptop 构造函数时，是不存在 size 属性和 game()方法的，而通过在其原型对象中添加一个 size 属性和一个 game( )方法，让对象 laptop1 也能添加这两个属性和方法。

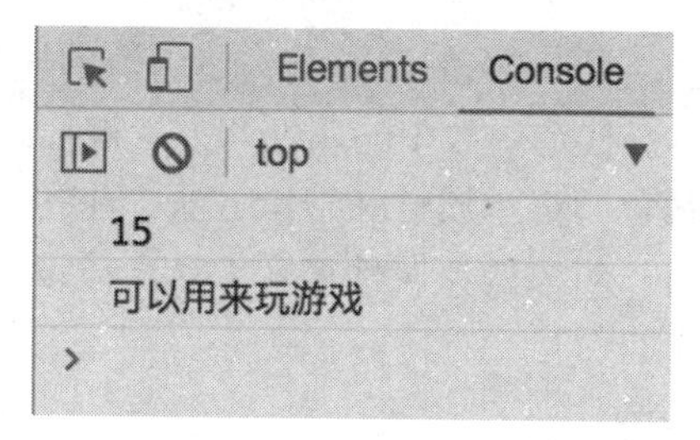

图 3.31　样例输出 3.31

3.3.4　通过原型对象继承

既然可以在获取原型对象后通过修改原型对象的属性和方法来对对象进行修改，那也可以为构造函数直接指定一个原型对象，从而使通过这个构造函数创建的对象具有原型对象的所有属性和方法，而这个过程就叫做继承，例如：

```
function laptop(color, brand, price){
    this.color = color;
    this.brand = brand;
    this.price = price;

    this.program = function(){
        console.log("可以用来编程");
    }
}

function ultrabook()
{
    this.size = 15;
    this.touch = function(){
        console.log("可以触屏");
    }
}

ultrabook.prototype = new laptop("black", "apple", 10000);

ultrabook1 = new ultrabook();

console.log(ultrabook1.color);
ultrabook1.program();

console.log(ultrabook1.size);
ultrabook1.touch();
```

输出如图 3.32 所示。

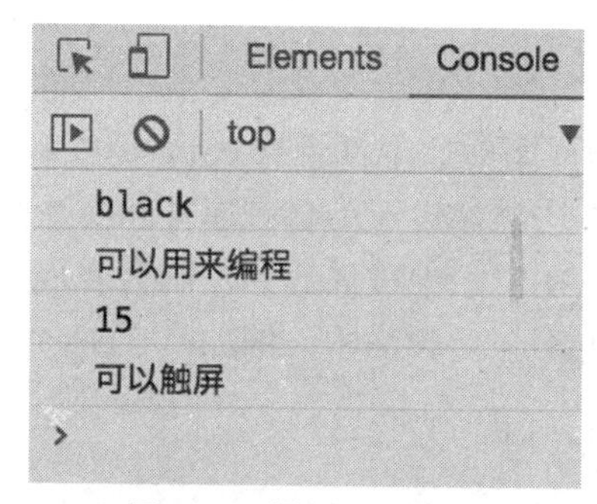

图 3.32　样例输出 3.32

对象在继承了新的原型对象后，不但有本身构造函数的属性和方法，而且还会继承原型函数的属性和方法，其中本身构造函数中的属性和方法被称为自有属性和自有方法，从原型对象继承来的属性和方法被称为继承属性和继承方法。但是当本身的构造函数和原型对象中都含有同一个属性或方法时，对象的该属性值和方法会被设置为构造函数中的值，例如：

```
function laptop(color, brand, price){
    this.color = color;
    this.brand = brand;
    this.price = price;

    this.program = function(){
        console.log("可以用来编程");
    }
}

function ultrabook()
{
    this.color = "white";
    this.touch = function(){
        console.log("可以触屏");
    }
    this.program = function(){
        console.log("可以触屏编程");
    }
}

ultrabook.prototype = new laptop("black", "apple", 10000);

ultrabook1 = new ultrabook();

console.log(ultrabook1.color);
ultrabook1.program();
```

输出如图 3.33 所示。

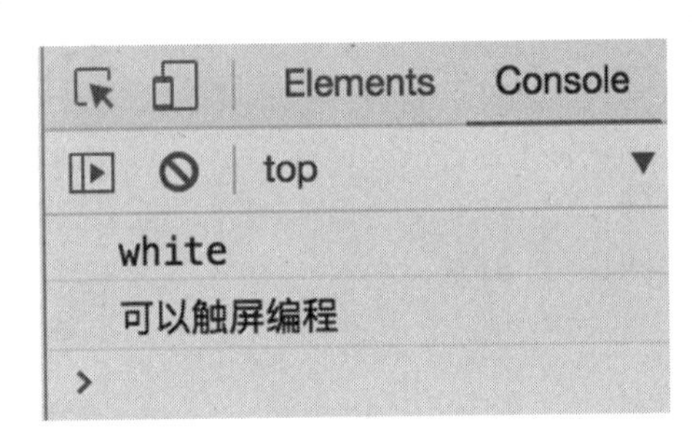

图 3.33　样例输出 3.33

在构造函数 ultrabook()和原型对象中都含有 color 属性和 program( )函数，但是由于在这种情况下，对象的属性和方法会被设置为自有属性和方法的值，因此会显示输出中的结果。而当一个继承属性或方法在对象中被修改后，则会变成自有属性，从而不会再受原型对象的影响，而且原型对象也不会受到影响，例如：

```
function laptop(color, brand, price){
    this.color = color;
    this.brand = brand;
```

```
        this.price = price;

        this.program = function(){
            console.log("可以用来编程");
        }
    }

    function ultrabook()
    {
        this.touch = function(){
            console.log("可以触屏");
        }
    }

    ultrabook.prototype = new laptop("black", "apple", 10000);
    ultrabook1 = new ultrabook();

    ultrabook1.color = "red";

    console.log(ultrabook1.color);
    console.log(ultrabook.prototype);
```

输出如图 3.34 所示。

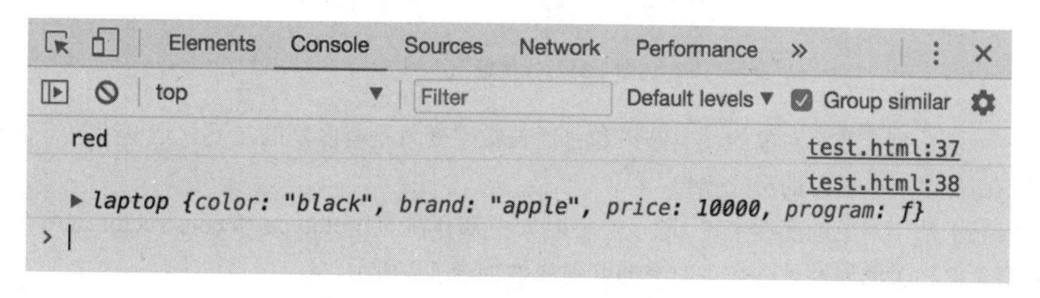

图 3.34　样例输出 3.34

结果中 ultrabook1 的 color 值在被修改后显示为修改后的值“red”，而原型对象中的 color 值还是“black”，两者是不同的，可以看出 color 属性在被修改后变成了自有属性，不会受到继承属性的影响。对于方法来说，被修改后同理也会变成自有方法不受到继承方法的影响。

3.4　JavaScript 核心对象

在 JavaScript 中有很多内置的对象可以供开发者直接使用，这些对象被称为 JavaScript 核心对象，可以在任何情况下使用，本节将详细介绍 Number、String、Boolean、Date、Math、RegExp 和数组对象几大核心对象。

3.4.1　Number 对象

Number 对象就是数字对象，数字类型是 JavaScript 的几大数据类型之一，其作为数据类型的用法在 2.2 节中已经详细介绍过，这里不再赘述。数字对象与数字类型本质上其实是不同的，本节将从对象的角度来深入分析数字对象的属性和方法。

数字对象作为一个对象，那么就一定会有构造函数、属性和方法，对于构造函数来说，数字对象的创建方法和其他对象相同，其构造函数有一个参数，为数字对象的数值，当参数为空时，其数值等于 0，创建数字对象的具体写法如下：

```
var num1 = new Number();
var num2 = new Number(1);
console.log(num1);
console.log(num2);
```

输出如图 3.35 所示。

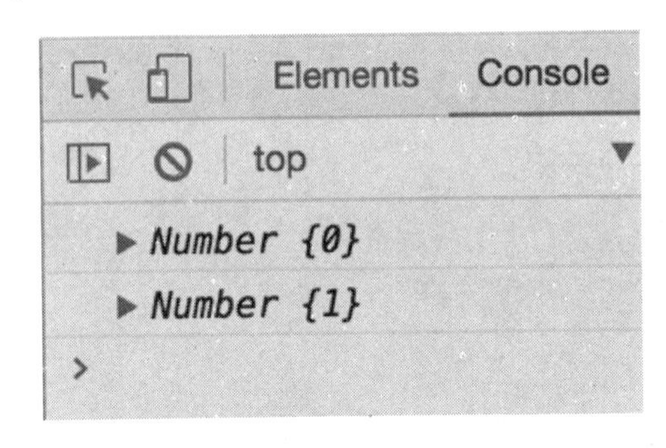

图 3.35　样例输出 3.35

可以看到，数字对象的输出结果和普通的数字变量是有区别的，不只是单纯的一个数字，而是以一个对象的形式输出。

对于数字对象的属性来说，除了原型对象中都存在的 prototype 和 constructor 这两个和原型对象相关的属性外，数字对象的其他属性如表 3.2 所示。

表 3.2　Number 对象的属性

属 性 名	属 性 说 明	属 性 值
NaN	表示不是数字	NaN
MAX_VALUE	JavaScript 数字取值的最大值	1.7976931348623157e+308
MIN_VALUE	JavaScript 数字取值的最小值	5e-324
POSITIVE_INFINITY	表示正无穷大	-Infinity
NEGATIVE_INFINITY	表示负无穷大	Infinity

数字对象的属性是通过数字对象的构造函数直接调用的，而不能通过数字对象本身调用，调用方式如下：

```
console.log(Number.NaN);
console.log(Number.MAX_VALUE);
console.log(Number.MIN_VALUE);
console.log(Number.NEGATIVE_INFINITY);
console.log(Number.POSITIVE_INFINITY);
```

输出如图 3.36 所示。

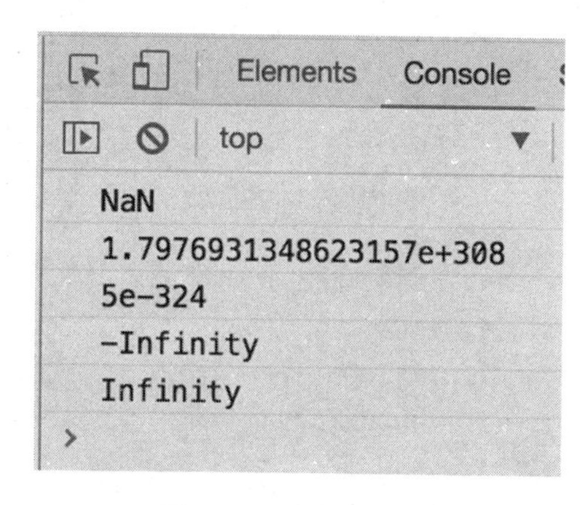

图 3.36　样例输出 3.36

数字对象的属性不能通过数字对象调用，否则会报错。数字对象还有很多内置的方法，其中比较常用的方法如表 3.3 所示。

表 3.3　Number 对象的方法

方 法 名	功 能 描 述
toExponential()	将数字对象转换成字符串，用科学记数法表示
toFixed([n])	将数字对象转换成字符串，精确到小数点后 n 位，无参数默认取整，用传统记数法的形式表示
toPrecision([n])	将数字对象转换成字符串，指定输出 n 位有效数字，表示方法视情况而定
toString([n])	将数字对象转换成 n 进制的字符串，无参数默认为十进制
valueOf()	返回数字对象的值，以数字类型返回

其中需要注意的是 toPrecision([n])方法，它的作用是当小数点前后的位数之和小于或等于 n 时，使用传统记数法，不足位数在小数点后补 0；当小数点前后的位数之和大于 n 时，使用科学记数法，保留 n 位有效数字，当参数 n 缺省时，使用传统记数法，保留所有位数。JavaScript 数字对象方法的具体用法如下：

```
var num = new Number(123.456);

console.log(num.toExponential());
console.log(num.toFixed(2));
console.log(num.toPrecision());
console.log(num.toPrecision(4));
console.log(num.toPrecision(10));
console.log(num.toString(16));
console.log(num.valueOf());
```

输出如图 3.37 所示。

3.4.2　String 对象

String 对象就是字符串对象，字符串类型是 JavaScript 的几大数据类型之一，其作为字符串类型的用法在 2.2 节中已经详细介绍过，在这里不再赘述。字符串对象与字符串类型其实是不同的，本节将从对象的角度来深入分析字符串对象的属性和方法。

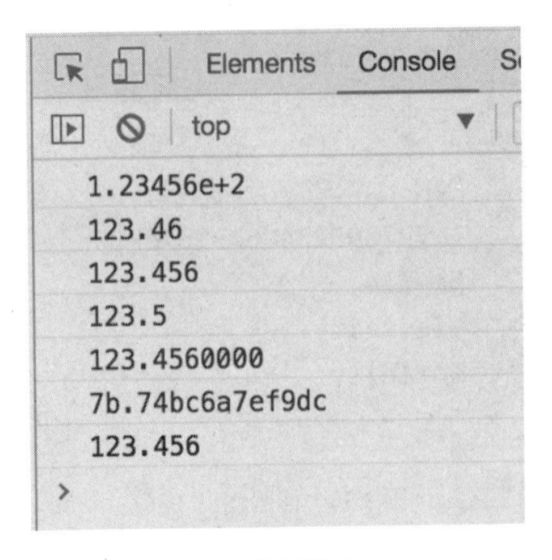

图 3.37　样例输出 3.37

字符串对象作为一个对象，就一定会有构造函数、属性和方法，对于构造函数来说，字符串对象的创建方法和其他对象相同，其构造函数有一个参数，为字符串的值，当参数为空时，字符串的值为空，创建字符串对象的具体写法如下：

```
var str1 = new String();
var str2 = new String("string");

console.log(str1);
console.log(str2);
```

输出如图 3.38 所示。

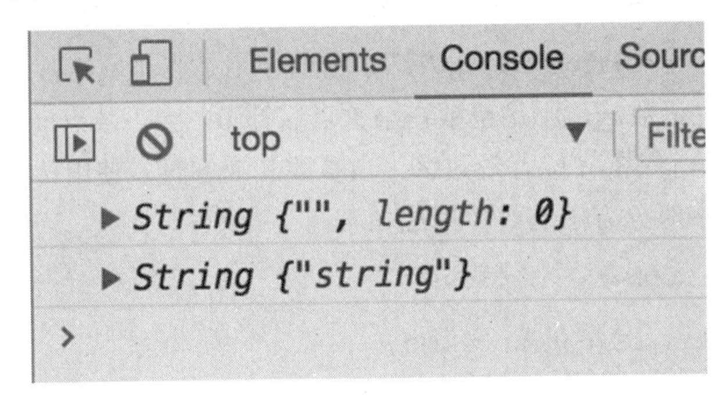

图 3.38　样例输出 3.38

可以看到字符串对象的输出结果和普通的字符串变量是有区别的，不只是单纯的一个字符串，而是以一个对象的形式输出。

对于字符串对象的属性来说，除了原型对象中都存在的 prototype 和 constructor 这两个和原型对象相关的属性外，字符串对象只有一个属性 length，length 属性的值是这个字符串对象的长度，即其中有多少个字符，具体用法如下：

```
var str1 = new String();
var str2 = new String("string");
```

```
console.log(str1.length);
console.log(str2.length);
```

输出如图 3.39 所示。

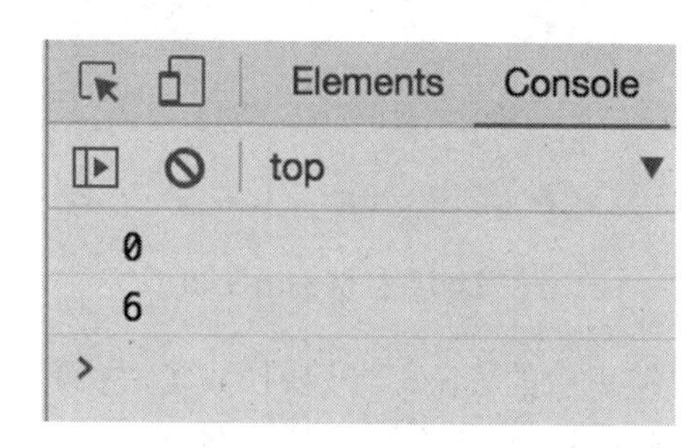

图 3.39　样例输出 3.39

对于 str1 来说，它是一个空字符串，字符串长度为 0 因此返回 0；而对于 str2 来说，它的值包含了 6 个字符，字符串长度为 6 因此返回 6。字符串对象还有很多内置的方法，其中比较常用的方法如表 3.4 所示。

表 3.4　String 对象的方法

方　法　名	方 法 描 述
replace(regxp, replaceString)	将字符串中的 regxp 替换为 replacestring
indexOf(subString [, index])	返回 subString 在字符串中从第 index 位起第一次出现的位置
lastIndexOf(subString [, index])	返回 subString 在字符串中从第 index 位起最后一次出现的位置
search(regxp)	返回 regxp 字符串或者正则表达式在字符串中第一次出现的位置
charAt(index)	返回字符串的第 index 个字符
substring(start [, end])	返回字符串从第 start 位起到第 end 位结束的子串
substr(start, length)	返回字符串从第 start 位起长度为 length 的子串
slice(start [, end])	返回字符串从第 start 位起到第 end 位结束的子串
match(regxp)	返回正则表达式在字符串中的匹配项
toLowerCase()	把字符串中的所有大写英文字母全部转换为小写
toUpperCase( )	把字符串中的所有小写英文字母全部转换为大写
concat(string1, string2, …, stringn)	返回按参数顺序连接后的字符串
charCodeAt(index)	返回字符串中第 index 个字符的 Unicode 编码
fromCharCode(code1, code2, …, coden)	返回一个各个字符的 Unicode 编码为 coden 的字符串
split(regxp [, maxSize])	返回一个字符串数组，其元素为根据 regxp 将原字符串切割后的子串
valueOf()	返回字符串对象的值，以字符串形式返回

对于 replace 方法，涉及正则表达式的部分，我们在后面的章节中会详细介绍，这里只介绍 regxp 为普通字符串类型的情况，具体代码如下：

```
var str = new String("abcde");
console.log(str.replace("bcd","123"));
```

输出如图 3.40 所示。

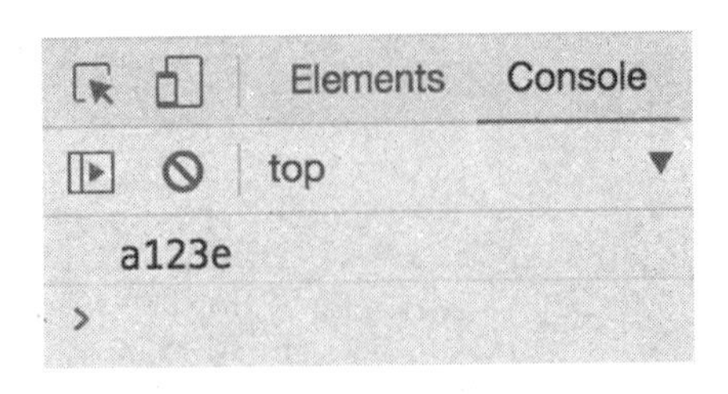

图 3.40　样例输出 3.40

从输出中可以看到，字符串中的“bcd”被替换成了“123”。

对于 indexOf、lastIndexOf 和 search 方法都是返回子串在字符串中的位置。其中 search 可以使用正则表达式来表示子串，涉及正则表达式的部分会在后面的章节中详细介绍，这里只介绍 regxp 作为普通字符串类型的情况。对于 indexOf 和 lastIndexOf 两个方法，其中的 index 表示从字符串的第 index 位开始查找，当 index 缺省时表示从第 0 位开始查找，如果查找不到返回–1。具体用法如下：

```
var str = new String("abcdefgabc");
console.log(str.search("cde"));
console.log(str.indexOf("bc"));
console.log(str.indexOf("de",1));
console.log(str.indexOf("de",5));
console.log(str.lastIndexOf("abc"));
```

输出如图 3.41 所示。

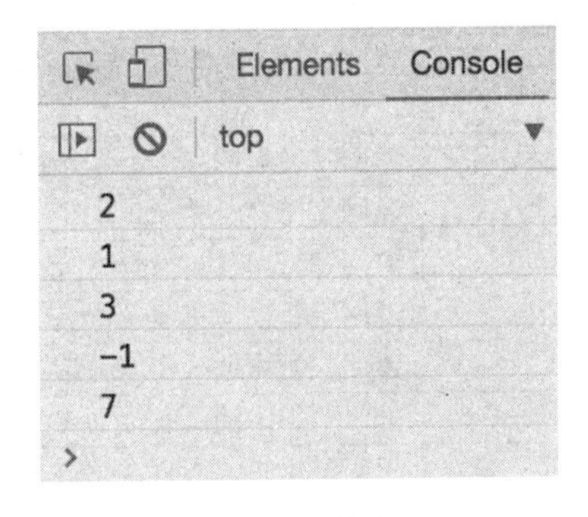

图 3.41　样例输出 3.41

对于 indexOf 方法，只会查找第一个查找到的位置，对后面的不予理会；而对于 lastIndexOf 方法只会返回最后一个查找到的位置，对于之前的查找不予理会。参数的 index 大于字符串出现的位置时则会查找不到而返回–1。

对于 charAt 方法，会返回其 index 位的字符，当 index 大于字符串的长度时返回一个空字符串，具体用法如下：

```
var str = new String("abc");
console.log(str.charAt(1));
console.log(str.charAt(4));
```

输出如图 3.42 所示。

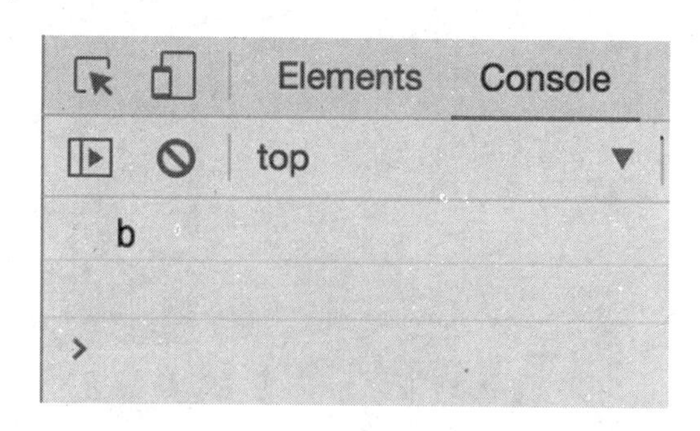

图 3.42　样例输出 3.42

当 index 等于 4 时，超过了 str 的长度因此返回值为空字符串。

match、substring、substr 和 slice 四种方法都是返回字符串对象的子串，对于 match 方法来说因为涉及正则表达式的部分，我们在后面的章节中会详细介绍其用法。

对于 substring 来说，其 end 参数可以省略，当 end 缺省或大于字符串长度时返回从第 start 位开始后面的所有字符组成的字符串。当 start 大于 end 时会自动将其位置互换，使 start 始终小于或等于 end。而当 start 或 end 有小于 0 的值时，会自动将其值设置为 0，具体写法如下：

```
var str = "abcdef";
console.log(str.substring(2));
console.log(str.substring(2,4));
console.log(str.substring(4,2));
console.log(str.substring(-1,2));
```

输出如图 3.43 所示。

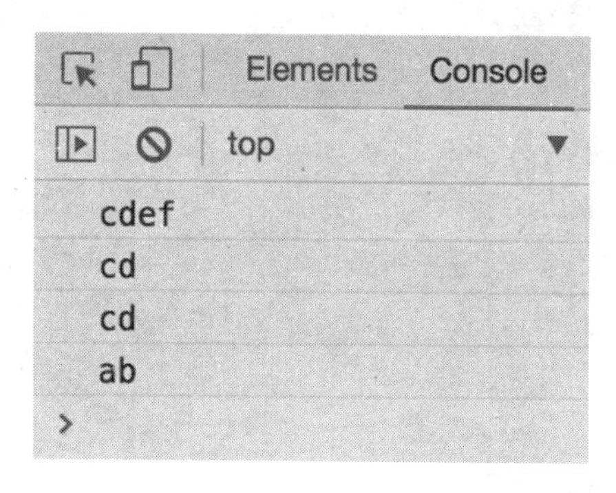

图 3.43　样例输出 3.43

对于 substr 来说，当 start 小于 0 时不同浏览器会对其采用不同的处理方式，有的浏览器会将其设置为 0，有的浏览器会当遇到负数时从后往前数 start 位，如-1 就是从最后一位开始，-n 就是从后往前数 n 位，对于本书采用的编译环境 Chrome 浏览器来说采取的是第二种处理方法。当 start 的值大于字符串长度或者 length 小于或等于 0 时返回空字符串。当子串起始位数加 length 的值大于字符串总长度时，返回从起始位到字符串结束的字符串，具体写法如下：

```
var str = new String("abcdefg");

console.log(str.substr(2, 2));
console.log(str.substr(-3, 2));
console.log(str.substr(10, 2));
console.log(str.substr(4, -1));
console.log(str.substr(4,10));
```

输出如图 3.44 所示。

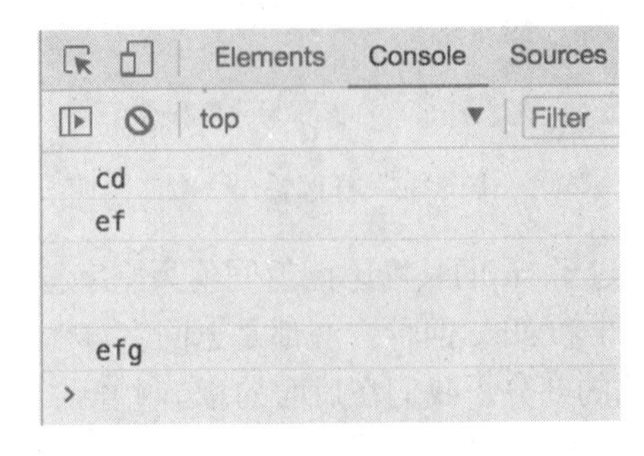

图 3.44 样例输出 3.44

对于 slice 方法，其功能与 substring 类似，但在细节上有所区别。在 slice 方法当 start 和 end 为负数时将从字符串最后一个字符开始从后往前计数，如-1 则是最后一位。而当 start 小于 end 时 slice 会返回空字符串，具体写法如下：

```
var str = new String("abcdefg");

console.log(str.slice(1,3));
console.log(str.slice(-3,-1));
console.log(str.slice(3,1));
console.log(str.slice(-1,-3));
console.log(str.slice(0,10));
```

输出如图 3.45 所示。

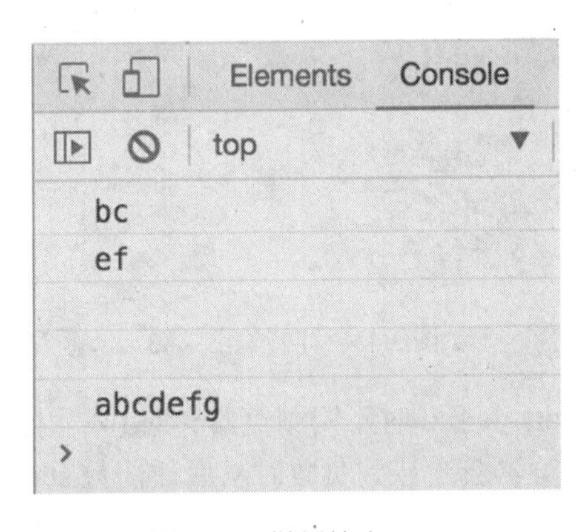

图 3.45 样例输出 3.45

对于 toUpperCase 和 toLowerCase 这两个方法，就是简单地返回将字符串中的所有英文字母都转换为大写或小写后的结果，具体用法如下：

```
var str = new String("aBcDeFg");
console.log(str.toUpperCase());
console.log(str.toLowerCase());
```

输出如图 3.46 所示。

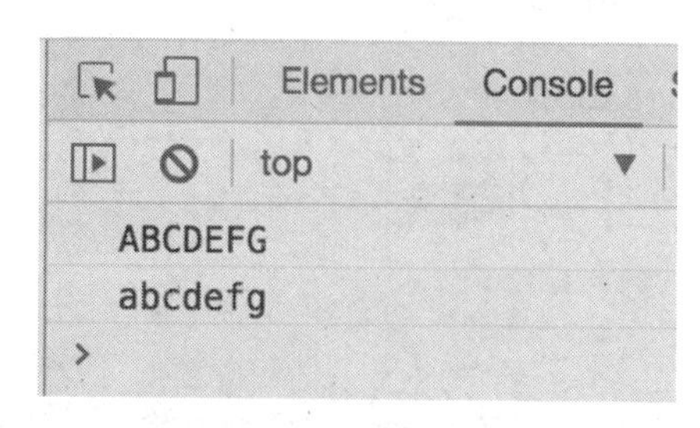

图 3.46　样例输出 3.46

concat 方法能够返回字符串对象本身的值和参数中的字符串按顺序连接后的长字符串结果，参数可以有多个，例如：

```
var str = new String("abcdef");
console.log(str.concat("gh", "ijk", "lmn");
```

输出如图 3.47 所示。

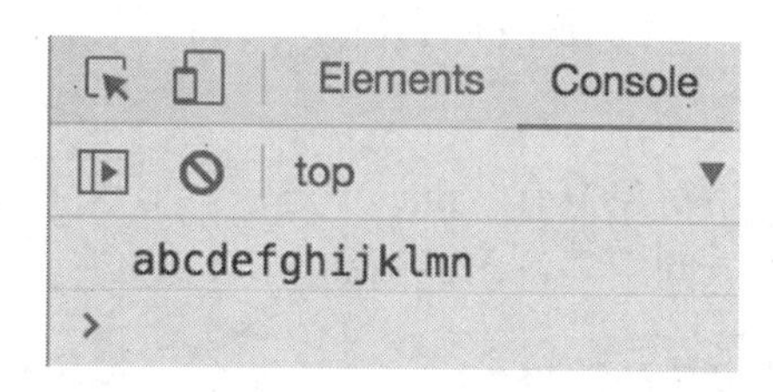

图 3.47　样例输出 3.47

charCodeAt 和 fromCharCode 方法是进行字符串和 Unicode 之间的转换，charCodeAt 是把特定位置的字符转化为 Unicode 编码，而 fromCharCode 是利用 Unicode 生成字符串，fronCharCode 是通过 String 构造函数调用，而不能通过具体的字符串对象调用，具体用法如下：

```
var str = new String("abcde");
console.log(str.charCodeAt(3));
console.log(String.fromCharCode(97,98,99,100));
```

输出如图 3.48 所示。

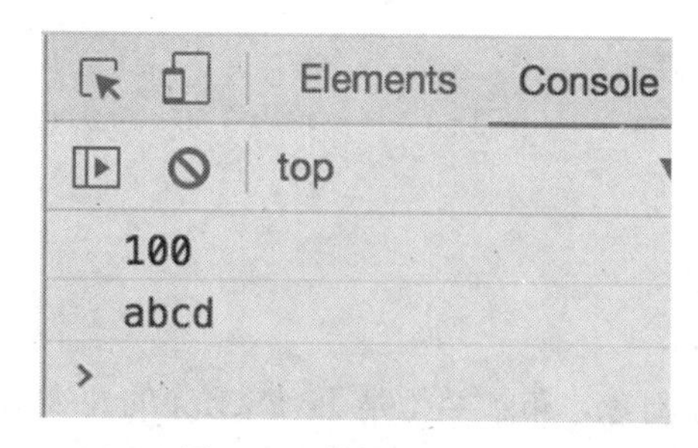

图 3.48　样例输出 3.48

split 是用来分割字符串的方法，字符串在遇到 tag 参数时进行自动分割，tag 可以是字符串也可以是正则表达式，这里不讨论当 tag 是正则表达式的情况。而 maxSize 参数则是作为限定，限定分割后字符串数组的最大长度，如果达到最大值则后面的字符串不予分割，当 maxSize 缺省时字符串数组长度无上限，具体写法如下：

```
var str = new String("abc,def,ghi");
console.log(str.split('de'));
console.log(str.split(','));
console.log(str.split(',', 2));
```

输出如图 3.49 所示。

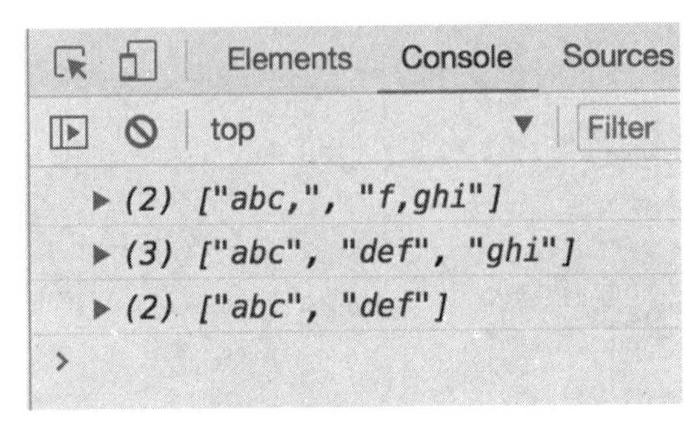

图 3.49　样例输出 3.49

与数字对象类似，字符串对象也有 valueOf 方法，对于字符串对象来说就是返回其字符串的值，当字符串为空时返回空字符串，例如：

```
var str1 = new String("abc");
var str2 = new String();
console.log(str1.valueOf());
console.log(str2.valueOf());
```

输出如图 3.50 所示。

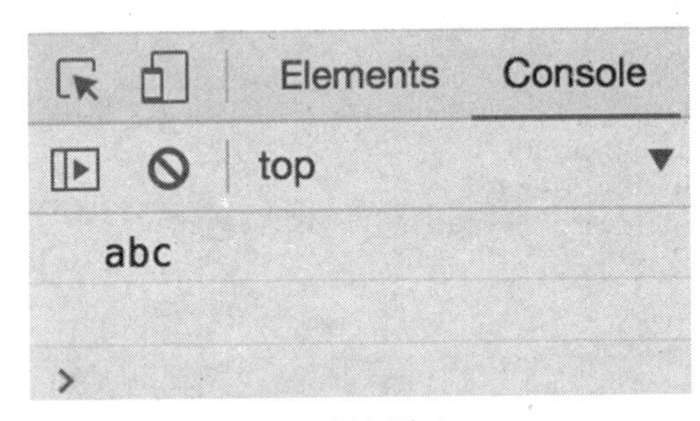

图 3.50　样例输出 3.50

3.4.3　Boolean 对象

Boolean 对象就是布尔对象，布尔类型是 JavaScript 的几大数据类型之一，其作为数据类型的用法在 2.2 节中已经详细介绍过，这里不再赘述。布尔对象与数字类型本质上其实是不同的，布尔对象的构造函数和其他对象相同，当参数缺省时其布尔值默认为 false，具体写法为：

```
var bool1 = new Boolean(true);
var bool2 = new Boolean();

console.log(bool1);
console.log(bool2);
```

输出如图 3.51 所示。

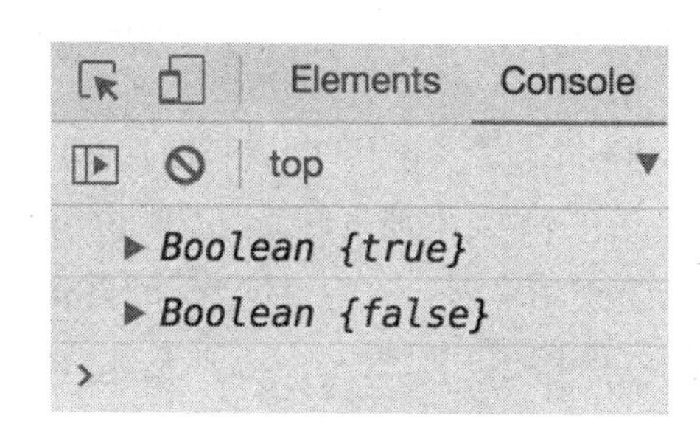

图 3.51　样例输出 3.51

布尔对象有两种方法，toString()和 valueOf()分别是以字符串类型输出布尔值和直接输出布尔值，具体用法如下：

```
var bool = new Boolean(true);
console.log(typeof(bool.toString())+" "+bool.toString());
console.log(typeof(bool.valueOf ())+" "+bool.valueOf());
```

输出如图 3.52 所示。

可以看到虽然二者输出结果都为 true，但是其值类型是不同的，toString()为字符串类型而 valueOf()为布尔类型。

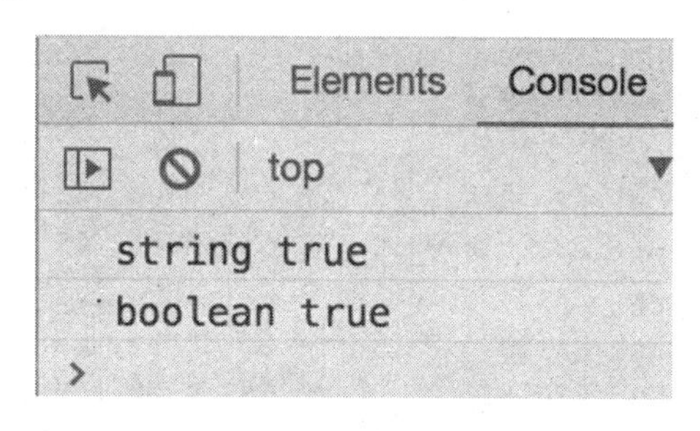

图 3.52　样例输出 3.52

3.4.4　Date 对象

Date 对象就是日期对象，用来表示日期，因为在 JavaScript 中没有日期这个数据类型，所以在使用的时候只能通过 Date 对象的构造函数来创建，其中根据日期对象的构造函数参数，在创建日期对象时分为以下 4 种情况：

```
new Date();
new Date(dateString);
new Date(milliseconds);
new Date(year, month, day [, hours, minutes, seconds, milliseconds]);
```


当参数为空时会创建一个包含当前系统日期数据的日期对象；

当参数为日期字符串时会创建一个日期和事件为日期字符串中数据的日期对象，其中日期字符串的格式必须为“月日年 [时:分:秒]”，其中时间可以省略，省略后默认为 0，月份必须用英文单词表示，其他数据为数字。

当参数为 milliseconds（毫秒）时，会返回一个在 1970 年 1 月 1 日 0 时 0 分 0 秒之后 milliseconds 秒的日期对象。

当参数为多个时，会创建一个包含参数中年月日和时间数据的日期对象，其中时间参数可以省略，省略后默认为 0，参数类型都为数字，需要注意的是其中代表月份的数字是从 0 开始计数，0 代表 1 月，1 代表 2 月，……，11 代表 12 月，而并非数字代表月份数。

创建日期对象的具体写法如下：

```
var date1 = new Date();
var date2 = new Date("April 20 2018");
var date3 = new Date("April 20 2018 10:12:13");
var date4 = new Date(6000);
var date5 = new Date(2018, 4, 20);
var date6 = new Date(2018, 4, 20, 10, 11, 12);

console.log(date1);
console.log(date2);
console.log(date3);
console.log(date4);
console.log(date5);
console.log(date6);
```

输出如图 3.53 所示。

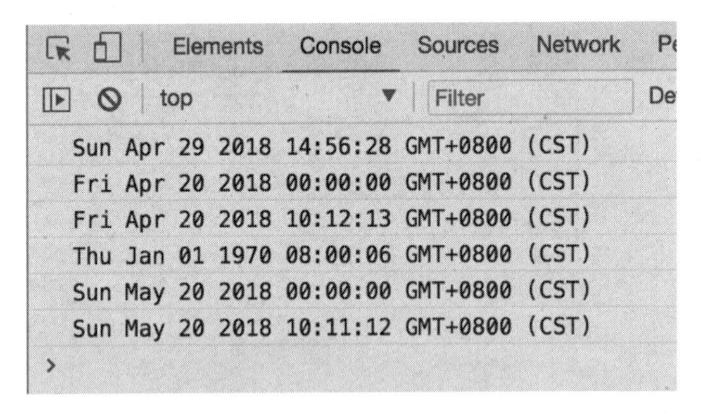

图 3.53　样例输出 3.53

date1 创建的是当前系统时间；date2 是创建了一个缺省时间参数的日期，其时间默认在 0 点 0 分 0 秒；date4 是相距 1970 年 1 月 1 日 0 点 0 分 0 秒 6000 毫秒的时间日期；date5 和 date6 的月份数字虽然为 4 但是因为月份从 0 开始计数因此显示出 5 月。

对于日期对象来说没有特定的属性，但是却有很多方法，表 3.5 中列出了日期对象的常用方法：

表 3.5　Date 对象的常用方法

方　法　名	方 法 描 述
get[UTC]Date()	获取日期对象中日期的天数，其中如果方法名中间有 UTC 使用 UTC 时间，没有 UTC 则使用本地时间，其余 get 方法和 set 方法同理
get[UTC]Day()	获取日期对象中日期是星期几
get[UTC]Month()	获取日期对象中的月份数
get[UTC]FullYear()	获取日期对象的年数
get[UTC]Hours()	获取日期对象的小时数
get[UTC]Minutes()	获取日期对象的分钟数
get[UTC]Seconds()	获取日期对象的秒数
get[UTC]Milliseconds()	获取日期对象的毫秒数
getTime()	获取日期对象本地时间与 1970 年 1 月 1 日 0 时 0 分 0 秒间的毫秒数
getTimezoneOffset()	获取本地时间与格林尼治标准时间（GMT）的分钟差
set[UTC]Date(day)	设置日期对象的天数
set[UTC]Month(month [, day])	设置日期对象的月份数
set[UTC]FullYear(year [, month, day])	设置日期对象的年份数
set[UTC]Hours(hours [, minutes, seconds, milliseconds])	设置日期对象的小时数
set[UTC]Minutes(minutes [,seconds, milliseconds])	设置日期对象的分钟数
set[UTC]Seconds(seconds [, milliseconds])	设置日期对象的秒数
set[UTC]Milliseconds(milliseconds)	设置日期对象的毫秒数
setTime(milliseconds)	通过设置与 1970 年 1 月 1 日 0 点 0 时 0 分的毫秒数差来设置日期对象的日期
to[Local/UTC]String()	把日期对象转换为字符串类型，如果方法名中间有 Local 则用本地时间转换，如果是 UTC 则用 UTC 时间转换。对于通过 new Date()创建的时间对象，toString()转换为 UTC 时间与本地时间有时区的差异；而如果日期对象经历过日期的设置则返回设置的时间。对于其他同类型函数 Local 和 UTC 的作用相同
to[Local/UTC]DateString()	把日期对象的日期部分转换为字符串
to[Local/UTC]TimeString()	把日期对象的实践部分转换为字符串
toJSON()	把日期对象转换为 JSON 格式

与日期的类型有关的方法分为三类，第一类是 get 方法，用于获取日期对象中的信息，具体用法如下：

```
var date = new Date();
console.log(date.getHours());
console.log(date.getUTCHours());
```

```
console.log(date.getFullYear()+"年"+date.getMonth()+"月"+date.getDate()+
"日");
console.log("周"+date.getDay()+" "+date.getHours()+":"+date.getMinutes());
```


输出如图 3.54 所示。

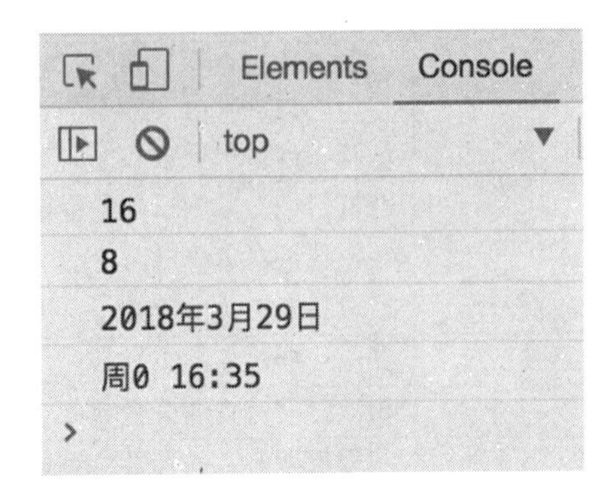

图 3.54　样例输出 3.54

从输出中可以看到，本地时间和 UTC 时间是不同的，会有时区的差异，而其中 getDay() 函数返回值为 0，实际上表示的是周日，其他的 get 方法同理。

第二类方法为 set 方法，用于设置日期对象中的信息，具体用法如下：

```
var date = new Date(1000);

date.setFullYear(2018);
date.setMonth(3);
date.setDate(10);
date.setHours(12);
date.setMinutes(33);

console.log(date);
```

输出如图 3.55 所示。

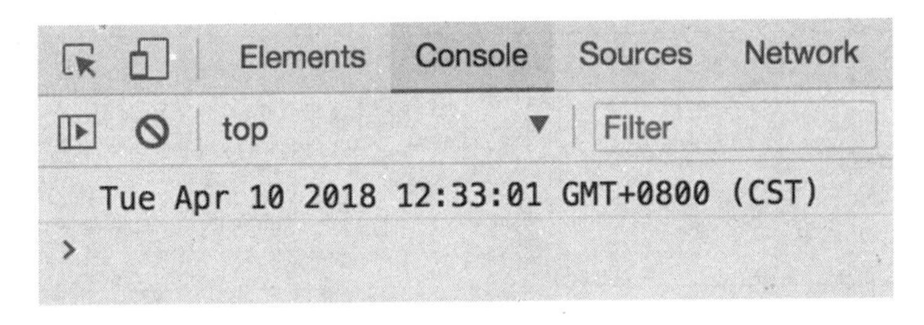

图 3.55　样例输出 3.55

第三类方法是将日期对象转换为其他类型，例如字符串类型和 JSON 类型：

```
new date = new Date();

console.log(date.toString());
console.log(date.toDateString()+" "+date.toTimeString());
console.log(date.toJSON());
```

输出如图 3.56 所示。

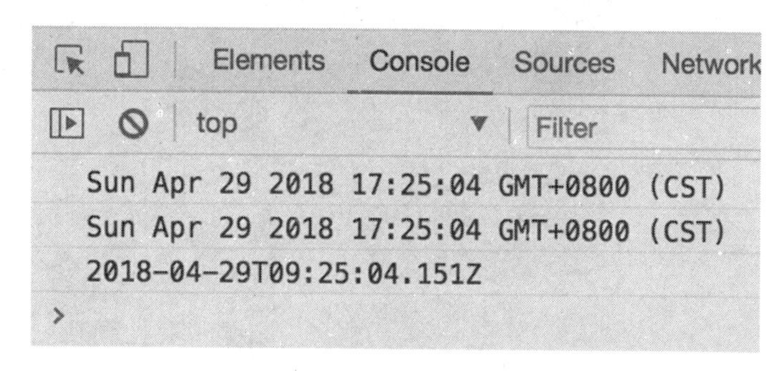

图 3.56　样例输出 3.56

Date 对象除了这些方法外还提供了日期相减的运算，返回两个日期之间差的毫秒数，具体代码如下：

```
var date1 = new Date();
var date2 = new Date(1000);

console.log(date1-date2);
```

输出如图 3.57 所示。

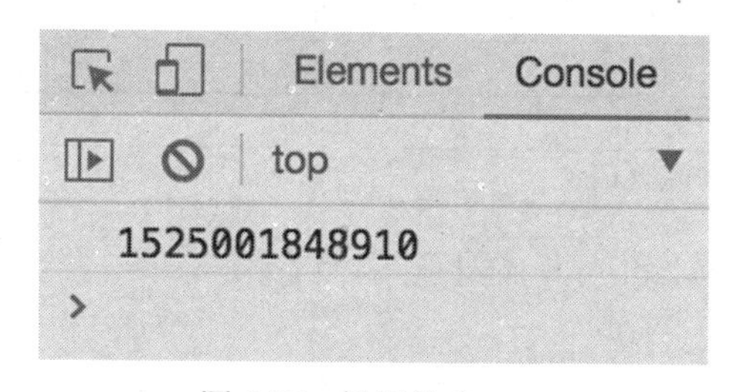

图 3.57　样例输出 3.57

3.4.5　Math 对象

Math 对象是 JavaScript 内置的集成了很多数学运算的对象，但是 Math 对象是没有构造函数的，只能通过 Math 关键字来调用。其具有的属性都为一些常用的数学运算中的无限不循环小数值，如表 3.6 所示。

表 3.6　Math 对象的属性

属 性 名	属 性 描 述	属 性 名	属 性 描 述
E	自然对数的底数 e	LOG2E	以 2 为底 e 的对数
PI	π	LOG10E	以 10 为底 e 的对数
LN2	2 的自然对数	SQRT2	2 的平方根
LN10	10 的自然对数	SQRT1_2	2 的平方根的倒数

这些属性都只能通过 Math 对象本身调用，例如：

```
console.log(Math.PI);
console.log(Math.LOG10E);
```

输出如图 3.58 所示。

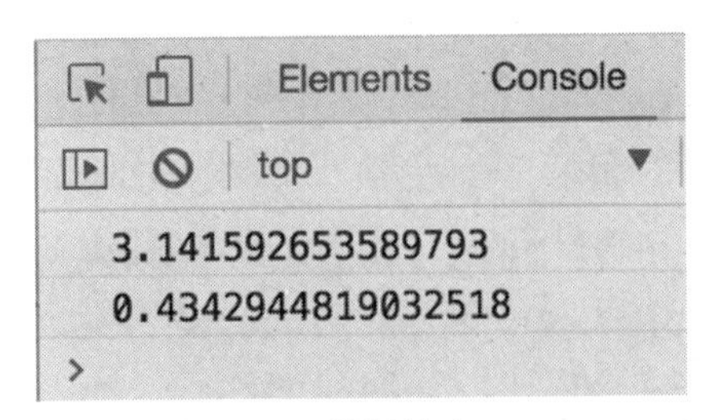

图 3.58 样例输出 3.58

Math 对象的方法提供了很多复杂的数学运算，一些常用方法如表 3.7 所示。

表 3.7 Math 对象的方法

方 法 名	方 法 描 述	方 法 名	方 法 描 述
abs(x)	返回 x 的绝对值	floor(x)	返回 x 向下取整的值
acos(x)	返回 x 的反余弦值	log(x)	返回 x 的自然对数
asin(x)	返回 x 的反正弦值	max(x1,x2,…,xn)	返回 x1 到 xn 的最大值
atan(x)	返回 x 的反正切值，返回值在 –π 到 π 的区间内	min(x1,x2,…,xn)	返回 x1 到 xn 的最小值
		pow(x,y)	返回 x 的 y 次幂
atan2(y,x)	返回(x, y)这个点与 x 轴的夹角，返回值在 –π 到 π 的区间内	random()	返回一个 0～1 的随机数
		sin(x)	返回 x 的正弦值
ceil(x)	返回 x 向上取整的值	sqrt(x)	返回 x 的余弦值
cos(x)	返回 x 的余弦值	tan(x)	返回 x 的正切值
exp(x)	返回 e 的 x 次幂的值		

这些方法也只能通过 Math 对象本身调用，例如：

```
console.log(Math.pow(2,2));
console.log(random());
console.log(ceil(2.2));
```

输出如图 3.59 所示。

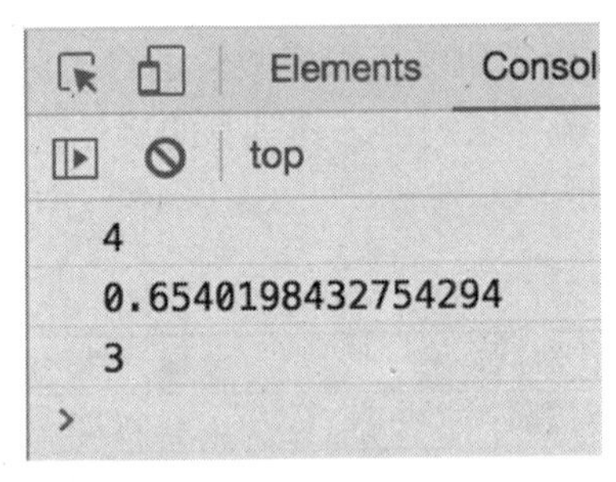

图 3.59 样例输出 3.59

3.4.6 RegExp 对象

RegExp 对象是正则表达式对象，正则表达式对象是用来描述字符串模式的对象，正则表达式描述了一种字符串的匹配方式，因此正则表达式是与字符串相关联的。我们在 3.4.2

节中提到了字符串对象的 4 种方法（search、match、replace、split）都会用正则表达式，而正则表达式对象中也有很多方法是用字符串来作为参数的，所以正则表达式一般用于在字符串中进行检索和替换作用。

正则表达式是由一个字符序列形成的搜索模式，简单来说就是一种特殊的字符串，其表示方法为：

```
/正则表达式语句/[修饰符]
```

其中修饰符是可以省略的，正则表达式语句夹在两个“/”符号中间，具体写法如下：

```
var reg = /abc/i;
```

其中 abc 是正则表达式语句而 i 作为修饰符是可以省略的，而当这个正则表达式用于字符串匹配时，例如：

```
var str = "ajqcnjAbc123";
console.log(str.match(/abc/i));
```

输出如图 3.60 所示。

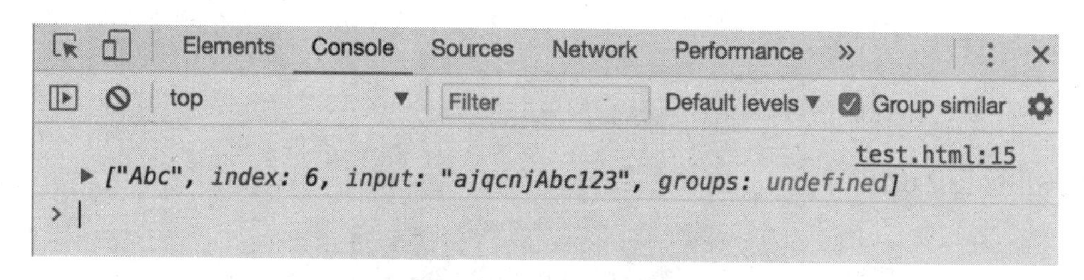

图 3.60　样例输出 3.60

结果会返回打破了“Abc”这个字符串的匹配，而这个正则表达式的匹配方式是，匹配“abc”这个字符串，其中这三个字母无论大小写都可以。其中 abc 代表匹配“abc”这个字符串，而无视大小写则是由修饰符 i 决定的，如果这个正则表达式把修饰符省略变成/abc/就只能匹配“abc”这个字符串，当字母出现大写时就不能匹配到。正则表达式的修饰符一共有 3 个，具体功能如表 3.8 所示。

表 3.8　正则表达式修饰符

修　饰　符	功 能 说 明
i	匹配时忽略大小写
g	匹配到第一个后继续匹配，直到匹配完所有项
m	匹配时可以多行匹配

正则表达式语句是用来对字符串内容进行匹配的，像之前使用的/abc/就是用来匹配“abc”这个字符串的，而对于一些表示符号的字符，就需要使用我们在 2.2.1 节中讲到的转义符，否则将会因为符号冲突而不能完成匹配。例如要匹配“abc/”这个字符串，因为“/”代表正则表达式的开始和结束符号，此时就需要使用转义符把“/”前加上“\”，具体写法如下：

```
var str = "123abc/456";
console.log(str.replace(/abc\//, "888"));
```

输出如图 3.61 所示。

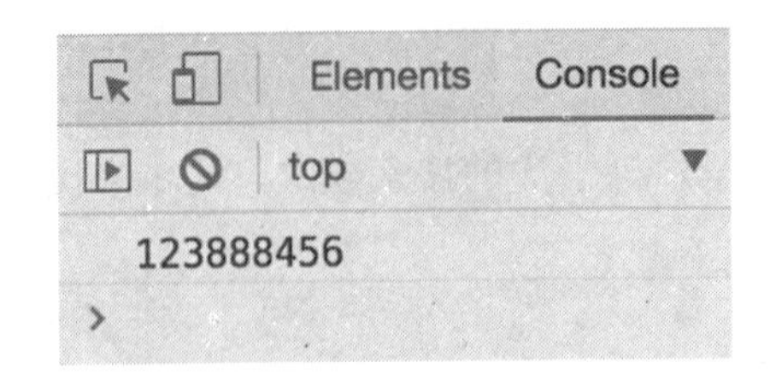

图 3.61　样例输出 3.61

从输出中可以看到 str 通过正则表达式把“abc/”替换成了“888”而没有受到“/”符号的影响。

当需要匹配某一类字符时，比如需要匹配字符串中的所有大写字母，用单纯的字符匹配就不能达到要求，这时候就需要用字符类来进行匹配。所谓字符类就是代表了一类字符，用中括号“[]”表示，例如[abc]就表示遇到 a，b 和 c 三者任意一个都可以匹配。

符号“-”则是表示省略“-”前字符和“-”后字符之间的字符，例如[a-z]就代表可以匹配 a 到 z 之间的任何小写字母。“-”可以省略字母字符和数字字符之间的字符，例如：

```
var str = "qweabc6789";
console.log(str.replace(/[a-c6-9]/g, "1"));
```

输出如图 3.62 所示。

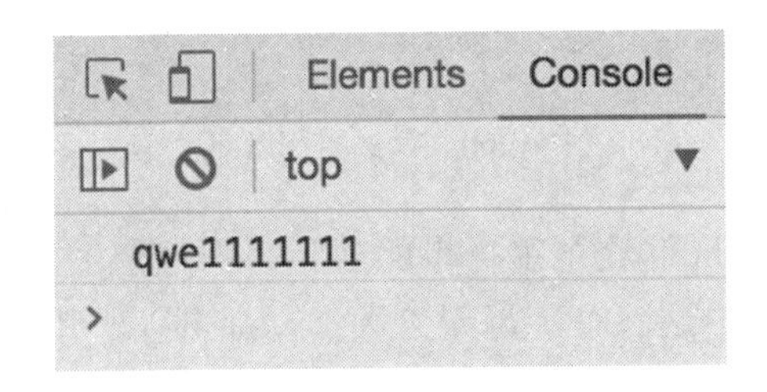

图 3.62　样例输出 3.62

正则表达式中的内容是匹配 a～c 的任意字符或者 6～9 的任意数字，修饰符 g 表示匹配到后继续匹配，所以原有字符串中所有复合这个匹配规则的字符都被替换成 1。

除了用这种方式来表示字符类之外，JavaScript 还提供了一些内置的元字符能够代表一类字符，表 3.9 中列出了常用的正则表达式中的元字符。

表 3.9　常用正则表达式的元字符

元字符	匹 配 内 容	元字符	匹 配 内 容
^	非字符集，用于中括号内，匹配除了中括号中的任何字符	\s	匹配所有空白符
.	匹配除换行符和终止符外的任何字符	\S	匹配所有非空白符
\w	匹配任何单词字符，相当于[a-zA-Z0-9]	\d	匹配所有数字字符
\w	匹配任何非单词字符，相当于[^a-zA-Z0-9]	\D	匹配所有非数字字符

当需要匹配某一类字符时使用字符类就可以解决，当需要匹配某一类字符串时，就需要使用选择符“|”和量词来表示。

选择符用于在几个字符串间选择，例如/abc|def/就表示匹配“abc”字符串或者“def”字符串，具体代码如下：

```
var str = "abc11111def";
console.log(str.replace(/abc|def/, "8"));
```

输出如图 3.63 所示。

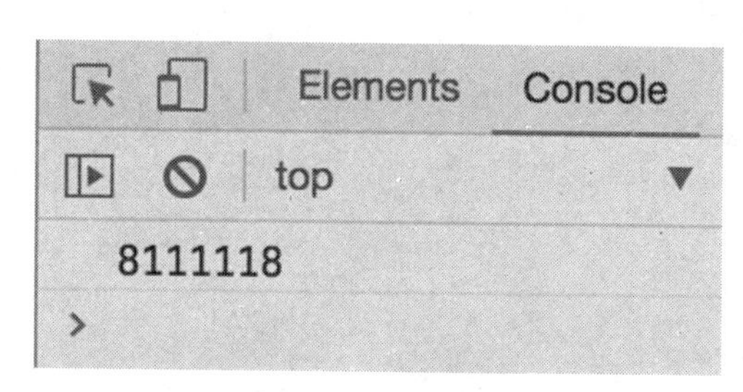

图 3.63　样例输出 3.63

这个正则表达式就能够匹配到所有“abc”或者“def”字符串。

对于具有一定特点但不固定内容的字符串，就需要使用量词对其进行表示，表 3.10 中列出正则表达式的量词。

表 3.10　正则表达式中的量词

量　词	功能描述	量　词	功能描述
x{n}	当 x 出现 n 次时匹配	x*	当 x 出现 0 次或多次时匹配，相当于 x{0,}
x{n, m}	当 x 出现至少 n 次，最多 m 次时匹配	^x	匹配文本的起始
x{n, }	当 x 出现至少 n 次时匹配	x&	匹配文本的终末
x?	当 x 出现 0 次或 1 次时匹配，相当于 x{0, 1}	(?=x)	称为正向肯定预查。 表示后接 x，但不添加内容也不移动全局匹配指针。 如/a(?=b)bc/.exec("abc")，事实上这个正则表达式并没有意义。 只有放在末尾才有实际的意义。 如/a(?=b)/.exec("ab")；匹配得"a"
x+	当 x 出现至少 1 次时匹配，相当于 x{1, }	(?!=x)	称为正向否定预查。 表示不后接 x，但是不添加内容或者移动全局匹配指针。 如/a(?!c)bc/.exec("abc")，事实上这个正则表达式并没有意义。 只有放在末尾才有实际的意义。 如/a(?!c)/.exec("ab")；匹配得"a"

通过在正则表达式中加入量词可以达到匹配一类字符串的目的，具体代码如下：

```
var str = "abcdeffffghijkl";

console.log(str.replace(/ff*/, "1"));
console.log(str.replace(/f{1,3}/,"1"));
```

输出如图 3.64 所示。

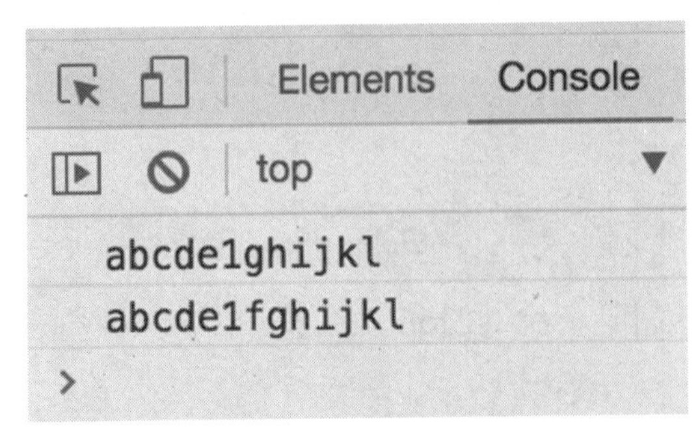

图 3.64　样例输出 3.64

第一个表达式将字符串中连续的 f 整体替换为 1，而第二个表达式因为最多只能匹配 3 个 f 因此最后一个 f 没有被匹配到。

以上是正则表达式的用法和作用，而对于正则表达式对象，在以上功能的基础上还具有对象的属性和方法，正则对象的构造函数写法如下：

```
new RegExp(pattern [,modifiers]);
```

其中 pattern 代表正则表达式的内容，modifiers 可省略代表正则表达式的修饰符。正则表达式对象提供了三个方法可供调用，如表 3.11 所示。

表 3.11　正则表达式对象方法

方 法 名	方法描述
exec(string)	返回对字符串 string 进行正则匹配后的结果
test(string)	返回对字符串 string 进行正则匹配是否成功
toStrng()	以字符串形式返回正则表达式内容

exec 和 test 都是对字符串参数进行正则匹配，exec 方法返回匹配结果，当匹配不到时返回 false；而 test 返回一个布尔值表示是否匹配到内容。正则表达式方法的具体用法如下：

```
var str = "123abc678";

var reg = new RegExp("abc", "ig");
console.log(reg.exec(str));
console.log(reg.test("000"));
console.log(reg.test(str));
console.log(reg.test("000"));
console.log(reg.toString());
```

输出如图 3.65 所示。

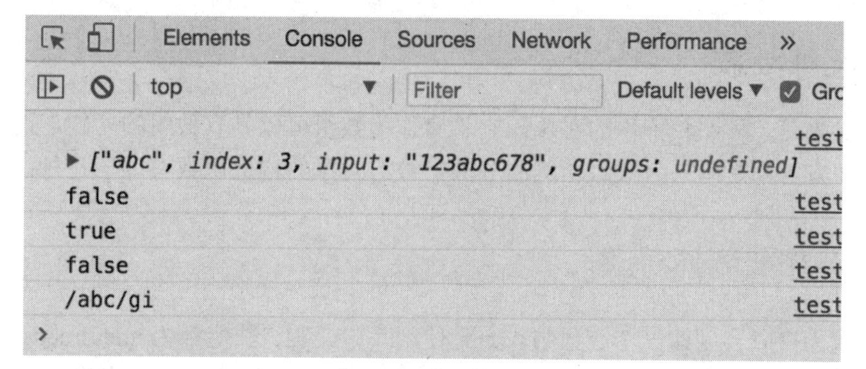

图 3.65　样例输出 3.65

正则表达式对象的属性如表 3.12 所示。

表 3.12　正则表达式对象的属性

属　性　名	属 性 描 述	属　性　名	属 性 描 述
global	判断是否设置了修饰符 g	lastIndex	下次匹配的开始位置
ignoreCase	判断是否设置了修饰符 i	source	正则表达式的内容
multiline	判断是否设置了修饰符 m		

前三个属性都是返回正则表达式对象是否含有三种修饰符，如果含有修饰符返回 true，没有返回 false；source 属性会返回正则表达式的内容；而 lastIndex 只能用于含有修饰符 g 的正则表达式，返回上一次执行匹配后下一次匹配的开始位置，实际上就是上次匹配到的字符串最后一个字符的位置加 1，例如：

```
var reg = new RegExp("abc", "ig");
console.log(reg.multiline+" "+reg.ignoreCase);
console.log(reg.source);

var str = "123abc789";
console.log(str.replace(reg, "abc"));
console.log(reg.exec(str).toString());
console.log(reg.lastIndex);
```

输出如图 3.66 所示。

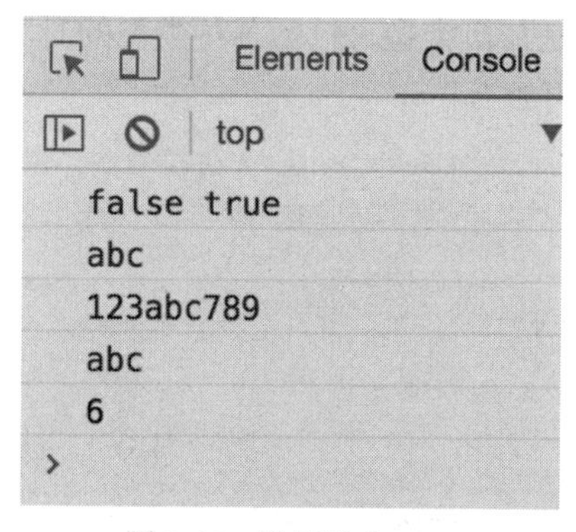

图 3.66　样例输出 3.66

3.4.7 数组对象

数组对象是一种比较特殊的对象，它本身作为数组可以具有数组的功能，而其作为对象的属性和方法都是用来为数组功能服务的。数组对象的构造函数有以下几种：

```
new Array();
new Array(length);
new Arrary(value1, value2, …, valuen);
```

当参数为空时会创建一个空数组，如果使用其中元素，其值都为 undefined；当参数为数组长度时，会创建一个长度为 length 的空数组；当参数为各个元素的值时会创建一个数组元素的值分别为这些参数的数组。

具体用法如下：

```
var arr1 = new Array();
var arr2 = new Array(3);
var arr3 = new Array("hello", 2, "world!", true);

console.log(arr1);
console.log(arr2);
console.log(arr3);
```

输出如图 3.67 所示。

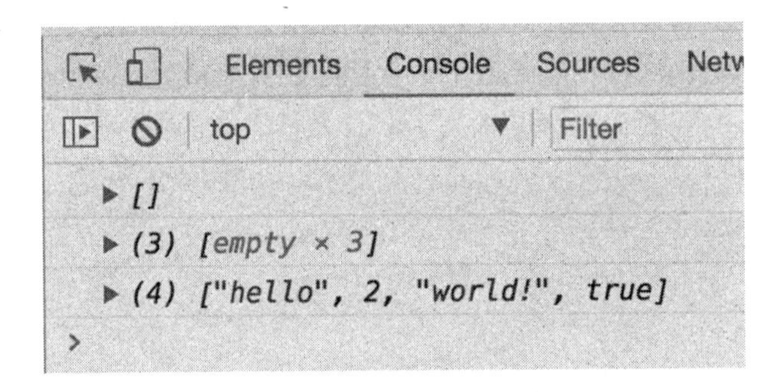

图 3.67　样例输出 3.67

在 2.2 节中介绍过，数组中的元素可以通过数组下标来访问，例如 arr[3]就代表数组名为 arr 的数组的第 4 个元素。当元素存在时就会返回该元素的值，如果元素不存在则会返回 undefined。其中元素可以是任何类型，包括各种类型的对象和数组，当元素是数组时就可以产生多维数组的效果，例如：

```
var arr = new Array(3);

for(var i = 0; i < 3; i++)
{
    arr[i] = new Array(1,2,3);
}

console.log(arr);
console.log(arr[1]);
console.log(arr[1][1]);
```

输出如图 3.68 所示。

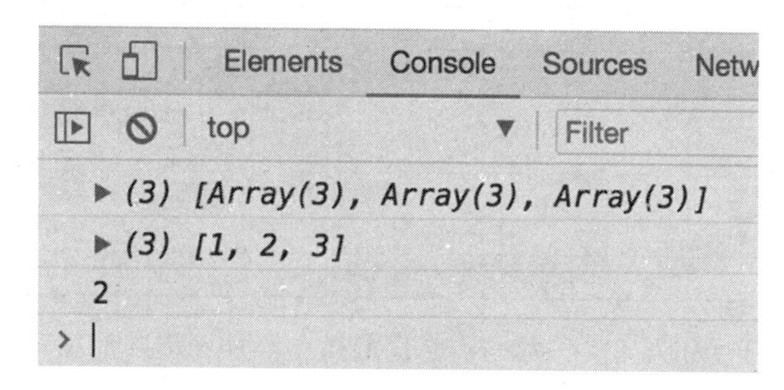

图 3.68　样例输出 3.68

数组对象可以通过下标修改元素也可以获取元素。当数组元素的类型还是数组时就可以通过两个下标来访问内部数组元素。

数组对象的自有属性只有一个 length，表示数组的长度，例如：

```
var arr = new Array(1,2,3);
console.log(arr.length);
arr[3] = 10;
console.log(arr.length);
```

输出如图 3.69 所示。

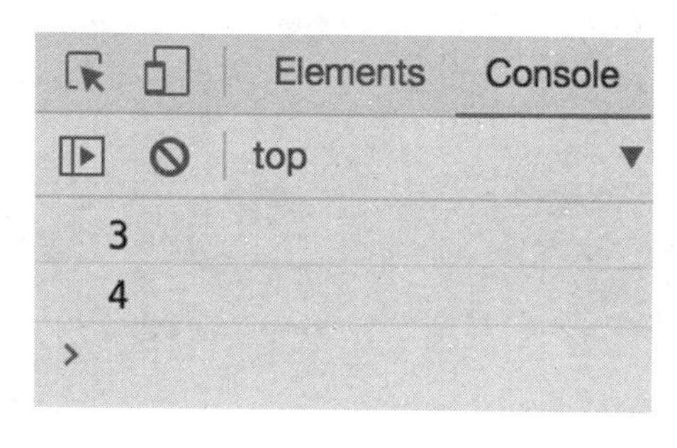

图 3.69　样例输出 3.69

length 属性的数值会跟随数组对象的长度变化而改变。

数组对象提供了很多对数组进行操作的方法，表 3.13 列出了数组对象的常用方法。

表 3.13　Array 对象的常用方法

方 法 名	方 法 描 述
concat(arr1, arr2,⋯,arrn)	将数组对象按参数顺序拼接
push(value1, value2,⋯,valuen)	向数组的末尾添加一个或多个值为参数的元素
unshift(value1, value2,⋯,valuen)	向数组的开头添加一个或多个值为参数的元素
splice(index, n [, value1, value2,⋯,valuen])	在数组的第 index 位删除 n 个元素并添加 0 个或多个值为参数的元素，并返回被删除的元素
pop()	删除并返回数组最后一个元素
shift()	删除并返回数组第一个元素
sort([function])	对数组中元素根据 function 函数排序，缺省时按照 Unicode 顺序排序

续表

方 法 名	方 法 描 述
reverse()	将数组中元素顺序颠倒
slice(start [, end])	返回数组下标从 start 到 end 之间的所有元素，当 end 缺省时返回最后一个元素
join(tag)	返回一个把数组元素转换为字符串，批次之间用 tag 相连的字符串
toString()	以字符串形式返回数组对象

其中这些方法可以分为 4 类，第一类是向数组中添加元素，对于 splice 方法，当 n 等于 0 且元素参数不缺省时就是添加元素，具体写法如下：

```
var arr = new Array("hello", 2);
arr = arr.concat(["world!", true]);
console.log(arr);
arr.push("push");
console.log(arr);
arr.unshift("un","shift");
console.log(arr);
arr.splice(3, 0, 123, 456);
console.log(arr);
```

输出如图 3.70 所示。

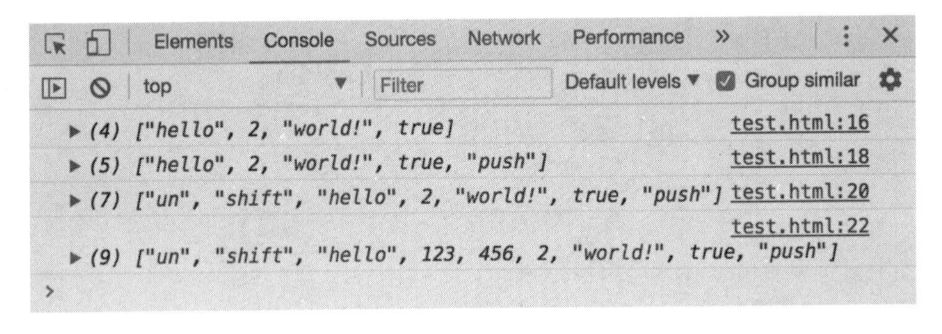

图 3.70　样例输出 3.70

第二类是从数组中删除元素，对于 splice 方法，当 n 大于 0 时无论是否添加新的元素都先在数组中删除了元素，具体代码如下：

```
var arr = new Array("hello", 2, "world!", true, 123, 456);
console.log(arr.pop());
console.log(arr);
console.log(arr.shift());
console.log(arr);
console.log(arr.splice(1,2, "splice"));
console.log(arr);
```

输出如图 3.71 所示。

第三类方法是对字符串中的元素顺序进行重排，对 reverse 来说只是把数组的元素顺序倒置，而对于 sort 方法可变性就很大，因为其排序方式是可以通过自定义规则来实现的，当参数缺省时，默认排序会根据 Unicode 编码进行排序，但是这种排序方法很难满足需要。

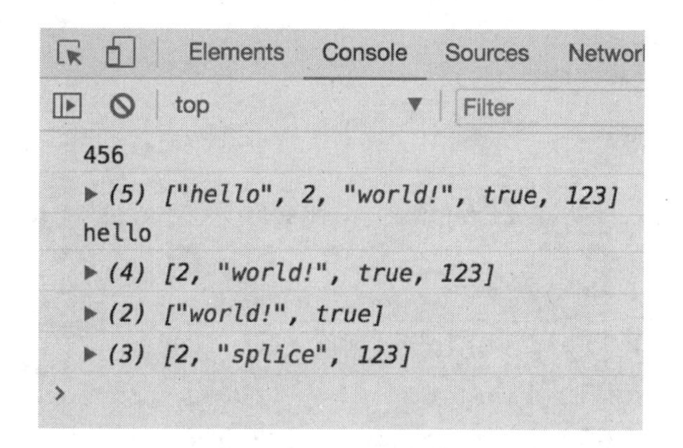

图 3.71　样例输出 3.71

对于自定义函数，需要设定两个参数 x 和 y，当需要的排序结果是 x 在 y 之前自定义函数的返回值应该小于 0，当 x 和 y 可以相等时返回值等于 0，当 y 在 x 之前时返回值应该大于 0。具体代码如下：

```
var arr = new Array(123, 78, 981,3);

arr.reverse();
console.log(arr);
arr.sort();
console.log(arr);

function mySort(x, y){
    return x - y;
}

arr.sort(mySort);
console.log(arr);
```

输出如图 3.72 所示。

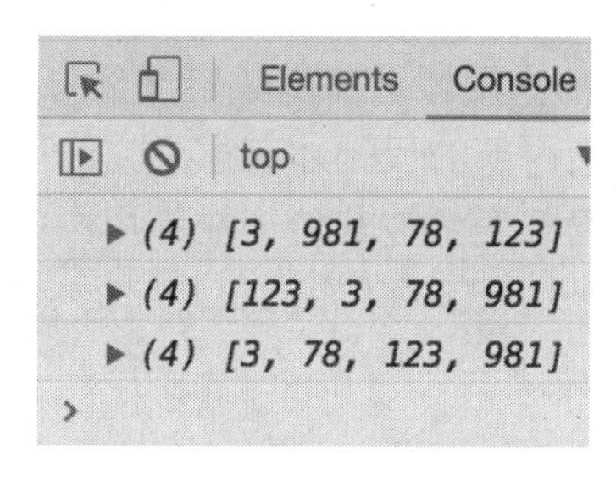

图 3.72　样例输出 3.72

当 sort 函数省略参数时，根据 Unicode 排序，只会比较数值的第一个数字的序号大小，不能按数值大小排序。而 mySort 函数当 x<y 时返回负数；x>y 时返回正数，使 x 在 y 之前，因此是一个根据数值从小到大排序的规则。

对于第四类，则是返回数组中的信息，具体写法如下：

```
var arr = new Array("hello", 2, "world!", true, 123, 456);

console.log(arr.slice(2,4));
```

```
    console.log(arr.join(" | "));
    console.log(arr.toString());
```

输出如图 3.73 所示。

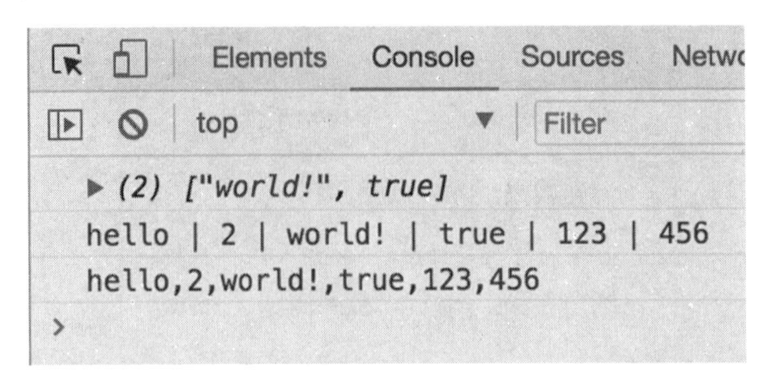

图 3.73　样例输出 3.73

数组对象中还有很多其他的方法，可以提供很多便捷的功能，但是因为使用频率不是很高，就不在这里一一阐述了，详细内容可以参考 JavaScript 的官方 API 文档。

小　结

本章主要介绍了 JavaScript 的基础语法，包括变量、常量、运算符、基本语句、异常处理、函数、对象以及 JavaScript 内置的核心对象的用法。读者在学习本章内容时应该在理解语法含义的基础下，根据示例代码多加练习，并多多尝试编写一些自己感兴趣的功能。只有把这部分内容融会贯通才能学好 JavaScript。

习　题

1. 函数内的代码解析时外部作用域只和函数定义的位置有关，而和函数执行的位置无关。函数只有在执行的时候，它内部的代码才有意义。一个函数对应一个作用域，在函数执行完之后，如果作用域内的局部变量被其他正在使用中的作用域所依赖，那么此作用域暂时不会被回收。基于这几点，进行下列练习。

（1）创建访问受限的变量。

```
function A(){
    var data={count:0};
    return {
        count:function(){
            return data.count;
        },
        plus:function(v){
            data.count+=v;
        },
        commit:function(foo,args){
            this[foo](...arg);
        },
        fetch(attr){
```

```
            return data[attr];
        },
        change:function(attr,nv){
            if(nv instanceof Function)return false;
            data[attr]=nv;
            return true;
        }
    };
}
```

对象内部的数据不会被外部直接修改，只能请求对象自行修改自己的有关数据。尝试多创建一些这样的变量，进行操作实验。

（2）限定一段时间内只能执行一次的函数（这实际上是一种性能优化措施，称为函数节流）。

```
function produce(call,millis){
    var time=Date.now();
    return function(){
        let now=Data.now();
        if(now-time>millis){
            time=now;
            call();
        }
    }
}
const alias=produce(mycall);
alias();
alias();
```

setInterval 是一个使函数每隔一定时间执行一次的函数，即 setInterval(call, millis);。

试结合上述两个知识点，设置一个本来每隔 100ms 需要调用一次、但是因为函数节流措施导致每隔 500ms 才能调用一次的函数，并在函数内包含 console.log(Date,now());。

（3）限定只有某一事件发生后才会调用，且只有在事件发生一定时间后没有事件再次触发时才会调用的函数（这也是一种性能优化措施，称为函数防抖）。

```
function produce(call,millis){
    var handle=null;
    return function(){
        if(handle!=null){
            clearTimeout(handle);
            handle=setTimeout(function(){call();handle=null;},mills);
        }
    };
}
const alias=produce(mycall);
alias();
alias();
```

试设置间隔时间为 3s 及以上，然后在浏览器控制台修改并实验上述代码。

（4）惰性计算。

```
function LazyNumber(value){
    var acts=[];
    this.add=function(v){
        acts.push( (function(v){value+=v;}).bind(this,v));
```

```
        }
        this.get=function(){
            let act;
            while((act=acts.shift())!=null)act();
            return value;
        }
    }
```

只有在 get 方法调用的时候才会真正开始计算。扩充上述内容，使它支持 minus、multiply、div 等运算，并编写代码运用它。

（5）单例对象提供者。

在较新的语法中，绝大部分 JavaScript 所支持的值都可以用作对象的属性名，包括对象。…可用于展开数组或者对象。

```
// args为因为对象不存在而构建它时的默认参数，如果对象存在，那么可以简单地忽略args
function Provider(){
    var dict={};
    this.getByType(stype,args=[]){
        if(stype in dict)return dict[stype];
        for(let t in dict)
            if(stype instanceof t)
                return dict[t];
        return dict[stype]=new stype(...args);
    }
}
```

试实验上述对象分别提供一个 Number、一个 RegExp 和一些自定义对象的单例。

2. 一种常见的错误

```
function A(){
    for(var i=0;i<5;i++){
        setTimeout(function(){
            console.log(i);
        },0);
    }
}
A();
```

代码编写者预期结果可能是输出 0 1 2 3 4。但是 setTimeout 设置的回调函数只有在 A 函数执行完之后才会被调用，而函数回调的时候使用的是同一变量 i，且该变量的值已经是 5 了，所以会输出 5 5 5 5 5，这一错误可以通过提前绑定参数来解决。

试利用 Function.prototype.bind 使得输出内容为 0 1 2 3 4（事实上，将 var 改为 let 也能输出 0 1 2 3 4）。

3. 数组。

（1）

```
var arr=[];
arr.push(1,2,3);
console.log(arr.length);
arr[10]=1;
console.log(arr.length);
arr['somekey']=2;
console.log(arr.length);
```

上述代码三次输出的长度依次是多少？

（2）[1,2,3].concat([4,5],[6,7],[8,[9,10]]).concat([1,[2,[3]]])的结果长度是多少？结果是什么？

（3）关于数组的构造。

new Array(10).length 是多少？

new Array(100,200).length 是多少？

new Array('10').length 是多少？

new Array(1.1)会报错吗？为什么？

（4）下列关于数组的说法中哪个是错误的？

A. 数组调用 sort 方法不会对非数值索引的元素造成影响。

B. 数组调用 sort 方法传入一个回调时，回调内每次调用传入两个元素。如果某次回调过程中返回值为正数，那么这两个元素的位置会被调换。

C. 数组无参调用 sort 方法时，值为 undefined 的元素会被后移，从而排序完之后undefined 元素集中在数组末尾。

D. 数组调用 sort 方法排序一定是稳定的。

（5）试编写 sort_function，使得下列数组按元素的 index 属性排序。

```
var arr=[{index:1},{index:6},{index:3,v:1},{index:5},{index:3,v:6},{index:2}];
arr.sort(sort_function);
```

查看 arr 中 index 为 3 的两个元素的位置，观察本次排序是否是稳定的。

4. 以下代码是否有问题？

```
try{
    throw
    "somthing wrong";
}catch(e){}
```

5. 下面函数 A()被调用后输出什么结果？代码执行过程中发生了什么？

```
var a=2;
function A(){
    try{
        throw 1;
        var a;
    }catch(a){
        a=3;
    }
    console.log(a);
}
A();
```

6. Date() instanceof Date 返回什么?为什么?

第4章 JavaScript 动态页面

本章学习目标

- 熟悉 JavaScript 的对象模型。
- 熟练掌握 JavaScript 的事件驱动。
- 学习如何实现表单验证。
- 了解如何使用 JavaScript 实现动态效果。
- 能够独立实现简单的 JavaScript 动态页面。

本章先向读者介绍 JavaScript 的两大对象模型，深入讲解对象模型的使用方法并给出示例代码；介绍 JavaScript 的核心功能事件驱动的使用并给出代码实例；以表单验证为例具体地阐述 JavaScript 在实际网页中的重要用法；讲述如何使用 JavaScript 在页面中实现一些动态效果。

4.1 文档对象模型

顾名思义，文档对象模型（Document Object Model，DOM）是一种能够对文档内容进行访问和操作的工具，而文档指的自然是 HTML 文档，不过还包括 XML 文档。实际上，DOM 是 W3C 推出的处理可扩展标志语言的标准编程接口，就是我们常说的 API。W3C 推出的 DOM 主要包括 3 个部分。

（1）核心部分：指定了访问任何结构化文档的标准接口。

（2）HTML 部分：给出了访问 HTML 文档的 API。

（3）XML 部分：给出了访问 XML 文档的 API。

本书主要讲述 DOM 的 HTML 部分 HTML DOM，HTML DOM 提供了获取、修改、添加和删除 HTML 元素的标准和方法。

在 HTML DOM 中把每个元素都认为是一个节点对象，元素的 HTML 文本和样式都作为节点对象。例如<p>段落元素就会被认为是一个段落对象，段落之间的文字和段落的样式都是段落对象的下层节点。节点之间是存在层次关系的，比如对于<div><p></p></div>这种结构的段落节点层次就要比块节点的层次低，而块对象的层次又要低于 body 层次。因此，HTML DOM 的节点会形成一个节点树的形式，HTML DOM 中的节点树如图 4.1 所示。

从节点树中可以看到 DOM 把 HTML 文档中的所有元素都看成了节点，HTML DOM 节点主要分为以下 5 类。

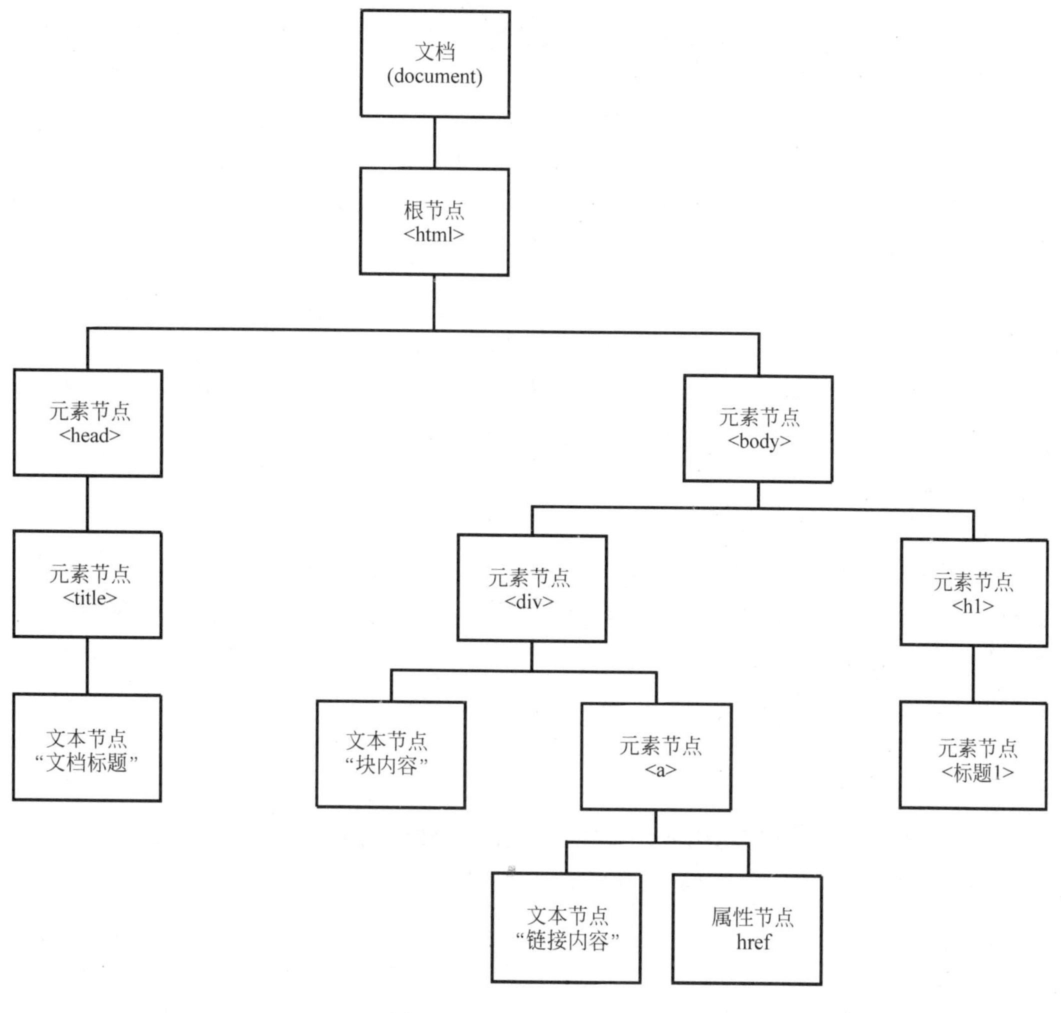

图 4.1　HTML DOM 节点树

（1）文档节点（docuement）：整个文档的节点，可以使用 document 对象来访问和操作整个文档。

（2）元素节点：HTML 中的各个元素，根节点（html）也属于元素节点，可以使用 element 接口来访问和操作元素。

（3）属性节点：各个 HTML 元素的属性，可以使用 Attr 接口来访问。

（4）文本节点：HTML 元素中的文本内容。

（5）注释节点：HTML 文档中的注释部分。

DOM 中内置了一个 Node 接口，可以用来访问 HTML 页面中的所有节点，无论哪种类型的节点都可以使用 Node 接口中的方法和属性。其中节点间存在层次关系，根据层次间关系，节点类型可以分为以下 7 种。

（1）根节点（root）：节点树最顶部的节点，只有一个 html 节点。

（2）子节点（children）：节点树中在上一级节点下一层的节点，例如图 4.1 中 head 节点就为根节点的子节点。

（3）父节点（parent）：在节点树中与子节点相连接的上一级节点，例如图 4.1 中的根节点就是 head 节点的父节点。

（4）叶子节点（leaf）：节点树中没有子节点的节点，例如图 4.1 中的文本节点和属性节点就是叶子节点。

（5）兄弟节点（sibling）：具有同一个父节点的节点，例如图 4.1 中的 head 和 body 节点互为对方的兄弟节点。

（6）祖先节点（ancestor）：子节点的父节点以及父节点的父节点，直到根节点位置的所有父节点，例如图 4.1 中 title 节点的祖先节点包括 head 节点和根节点。

（7）子孙节点（descendant）：父节点的所有子节点以及子节点的所有子节点，直到叶子节点，例如 title 和文本节点都是 head 节点的子孙节点。

4.1.1 获取节点元素

对于 DOM 中元素的获取，其中 document 对象是 JavaScript 中内置的对象，代表了 HTML 文档对象，可以直接调用。在 DOM 中所有子节点都是父节点的属性，父节点可以通过查找方法来获取其子孙元素。因此对于最顶层的 document 对象的查找方法可以作用于 HTML 文档中的所有元素，而其他元素的查找方法只能作用于其子孙元素，对于其他元素则不能获取。

在 DOM 中获取节点元素的常用方法有 6 种：

（1）直接通过 DOM 中给出的元素接口获取，比较有局限性，仅适用于 HTML 文档中只会出现一次的元素，例如<head>、<body>和<title>。具体代码如下：

```
<!DOCTYPE html>
<html>

<head>
<meta charset="UTF-8">
<title>getElements</title>
</head>
<body>
    <p>
        hello, World!
    </p>
</body>
<script>
    console.log(document.body);
    console.log(document.title);
    console.log(document.p);
</script>
</html>
```

输出如图 4.2 所示。

从输出中可以看到当获取 body、head 和 title 元素时能够获取到元素的内容，但是当获取 p 元素时，由于获取不到，返回的值为 undefined。因为 p 元素在文档中可以出现多个，不具有唯一性，因此不能使用这种方法获取。

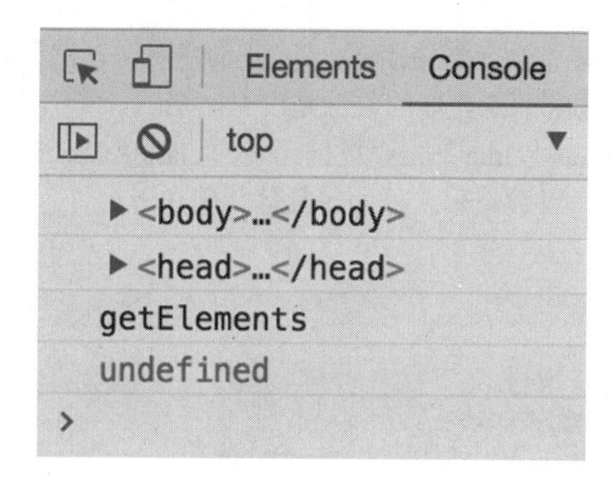

图 4.2　样例输出 4.2

（2）getElementById(id)：根据元素的 id 获取，因为元素 id 的唯一性只会获取单个元素，getElementById 方法只属于 document 对象，对于其他节点对象不能使用，具体代码如下：

```
<!DOCTYPE html>
<html>

<head>
<meta charset="UTF-8">
<title>getElements</title>
</head>
<body>
    <div id="firstdiv">
        <p id="firstp">
            hello
        </p>
    </div>
    <p id="firstp">world</p>
</body>
<script>
    console.log(document.getElementById("firstdiv"));
    console.log(document.getElementById("firstp"));
</script>
</html>
```

输出如图 4.3 所示。

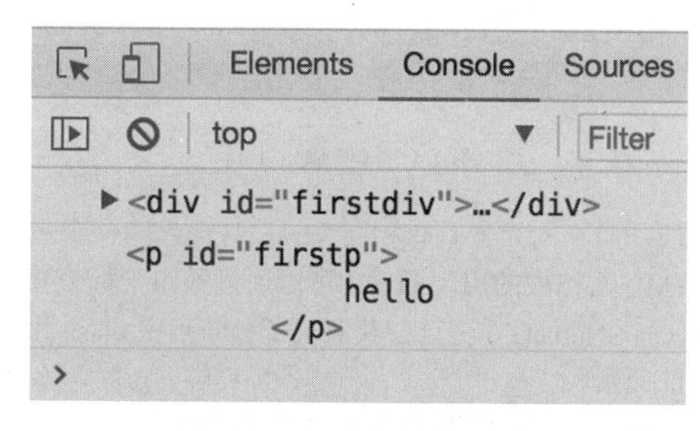

图 4.3　样例输出 4.3

当 HTML 文档中出现不同元素使用同一个 id 的情况时，默认会获取第一个出现的元素，无论对于何种元素，通过 id 获取的方法是没有区别的。

（3）getElementsByClassName(class)根据元素的 class（CSS 样式类）获取，可以获取具有该 class 的所有元素，以数组形式返回。具体代码如下：

```
<!DOCTYPE html>
<html>

<head>
<meta charset="UTF-8">
<title>getElements</title>
</head>
<body>
    <div class="firstdiv">
        <p class="firstp">
            hello
        </p>
    </div>
    <div class="seconddiv">
        <p class="firstp">
            world!
        </p>
    </div>
</body>
<script>
    console.log(document.getElementsByClassName("firstp"));

    var div1 = document.getElementsByClassName("firstdiv")[0];
    console.log(div1);
    console.log(div1.getElementsByClassName("firstp"));
</script>
</html>
```

输出如图 4.4 所示。

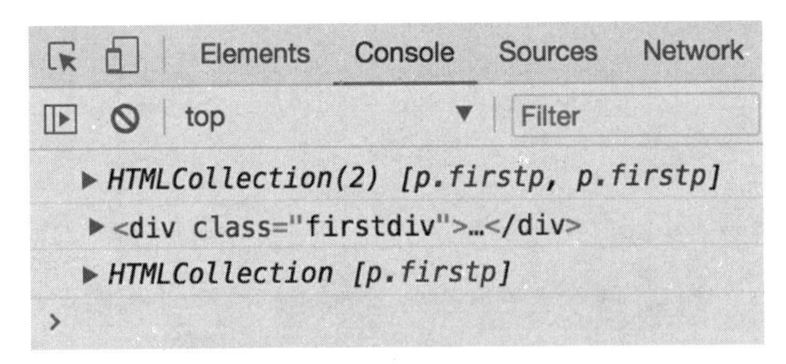

图 4.4　样例输出 4.4

从输出中可以发现，当不同元素具有相同 class 时会返回一个包含全部这些元素的数组，顺序为元素在 HTML 文档中的出现顺序，可以通过数组下标来获取这些元素。而对于元素的 getElementsByClassName()方法只会获取其子孙节点中 class 为指定值的元素，而不能获取子孙节点之外的元素。

（4）getElementsByName(name)：根据元素的 name 获取，可以获取具有该 name 的所有元素，以数组的形式返回。getElementsByName()方法只属于 document 对象，对于其他节点对象不能使用。具体代码如下：

```
<!DOCTYPE html>
<html>

<head>
<meta charset="UTF-8">
<title>getElements</title>
</head>
<body>
    <div name="testname">
        <p name="testname">
            hello
        </p>
    </div>
    <h1 name="testname">world!</h1>
</body>
<script>
    var elements = document.getElementsByName("testname");
    console.log(elements);
    console.log(elements[0]);
    console.log(elements[1]);
</script>
</html>
```

输出如图 4.5 所示。

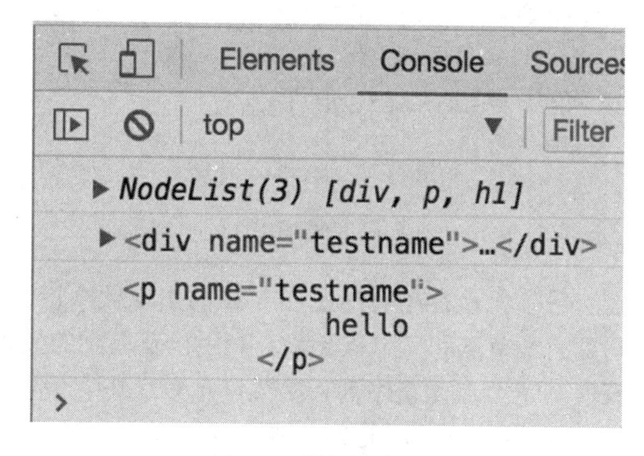

图 4.5　样例输出 4.5

返回的数组中元素的顺序和元素在 HTML 文档中的出现顺序相同。

（5）getElementsByTagName(tag)：根据元素的标签名获取，可以获取该标签的所有元素，以数组的形式返回。具体代码如下：

```
<!DOCTYPE html>
<html>

<head>
<meta charset="UTF-8">
<title>getElements</title>
</head>
<body>
    <div>
        <p>
```

```
            hello
        </p>
    </div>
    <div>
        <h1>world!</h1>
    </div>
</body>
<script>
    var divs = document.getElementsByTagName("div");
    console.log(divs);
    var ps = divs[0].getElementsByTagName("p");
    console.log(ps[0]);
    console.log(divs[1].getElementsByTagName("h1"));

</script>
</html>
```

输出如图 4.6 所示。

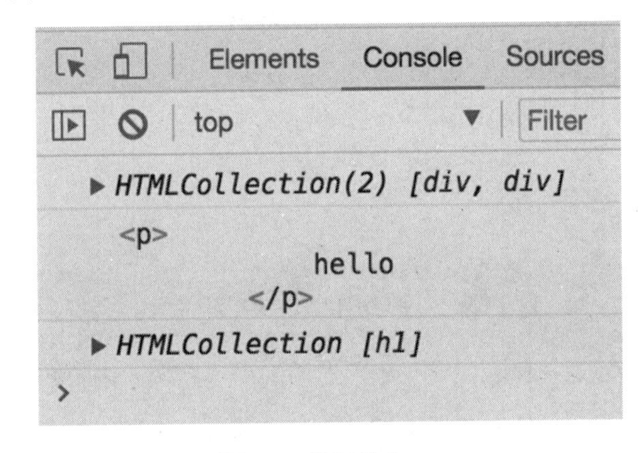

图 4.6　样例输出 4.6

返回的数组中元素的顺序和元素在 HTML 文档中的出现顺序相同。

（6）获取已获取元素的子节点和父节点元素：利用已获取到的元素的 children 属性和 parentElement 属性来获取其子节点元素序列和父节点元素。其中 children 属性会返回一个包含所有子节点元素的对象，而 parentElement 属性则会返回一个单独的元素，具体代码如下：

```
<!DOCTYPE html>
<html>

<head>
<meta charset="UTF-8">
<title>getElements</title>
</head>
<body>
    <div id = "firstDiv">
        <h1>hello</h1>
        <p>
            world
        </p>
    </div>
</body>
```

```
<script>
    var myDiv = document.getElementById("firstDiv");
    console.log(myDiv.children);
    console.log(myDiv.children[0]);
    console.log(myDiv.children[1]);
    console.log(myDiv.parentElement);

</script>
</html>
```

输出如图 4.7 所示。

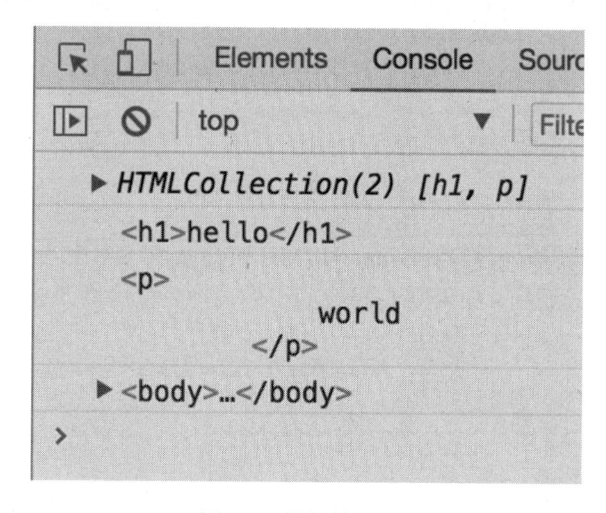

图 4.7　样例输出 4.7

注意：对于 children 属性对应的对象，可以通过[]来访问这些子节点元素，同时也可以用 length 属性来获取长度。它并不是数组而是一个 HTMLCollection 对象，许多数组的方法在这里并不存在，但是可以用 Array.from(node.children)将它转化为数组。

类似地还有和 children 一样，同样由 ParentNode mixin 提供的 querySelectorAll 方法，它返回一个 NodeList，这个同样不是数组，数组的一些方法不能对它使用。children 属性返回的数组中子节点元素的顺序和元素在 HTML 文档中的出现顺序相同。

4.1.2　获取和修改元素的文本内容

当获取了 HTML 的元素后，如果想要获取和修改其文本内容，例如：获取<h1>标签的内容，或者把其内容修改为“Hello, World!”。有以下两种方法。

（1）innerHTML：直接获取元素的 HTML，例如：

```
<!DOCTYPE html>
<html>

<head>
<meta charset="UTF-8">
<title>changeText</title>
</head>
<body>
    <h1 id="hello"><span>Ori Text</span></h1>
    <p id="myP"></p>
```

```
</body>
<script>
    console.log(document.getElementById("hello").innerHTML);
</script>
</html>
```

输出如图 4.8 所示。

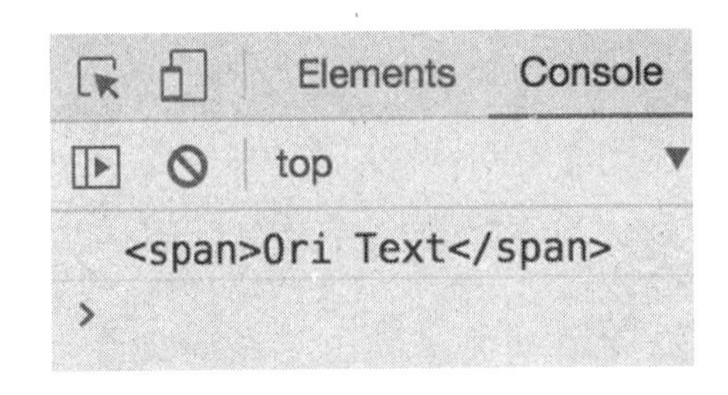

图 4.8　样例输出 4.8

需要注意的是，使用元素对象的 innerHTML 属性获取元素中内容时，会把内容中的标签一起以字符串的形式返回，如果需要修改其中的内容，直接修改 innerHTML 属性就可以实现，例如：

```
<!DOCTYPE html>
<html>

<head>
<meta charset="UTF-8">
<title>changeText</title>
</head>
<body>
    <h1 id="hello"><span>Ori Text</span></h1>
    <p id="myP"></p>
</body>
<script>
    document.getElementById("hello").innerHTML = "Hello, World!";
    document.getElementById("myP").innerHTML = "<h1>这是P内容</h1>";
</script>
</html>
```

页面显示效果如图 4.9 所示。

图 4.9　页面显示效果 4.9

其中对 innerHTML 属性是可以传入标签元素的，显示效果和直接在 HTML 文档中写入同样的内容相同。

元素节点的 innerHTML 是其所有子节点的内容，还有一个 outerHTML 是包括本节点在内的内容。

如 node.outerHTML="";会使得本节点以及所有子节点被移除。

（2）通过 HTML 元素节点的文本节点来获取其中的内容：在 DOM 树中，HTML 中的文本以文本节点的形式属于元素节点的子节点，可以通过使用元素节点的 childNodes 来获取文本节点，利用 nodeValue 属性来修改其中的内容。具体代码如下：

```
<!DOCTYPE html>
<html>

<head>
<meta charset="UTF-8">
<title>changeText</title>
</head>
<body>
    <h1 id="hello">ori text</h1>
    <div id="myDiv">
        <h2>h2</h2>
        P中内容
        <h3>h3</h3>
    </div>
</body>
<script>
    var txtNode = document.getElementById("hello").childNodes;
    txtNode[0].nodeValue = "Hello, World";

    var divNode= document.getElementById("myDiv");
    console.log(divNode.childNodes);
    divNode.childNodes[0].nodeValue = "段首";
    divNode.childNodes[2].nodeValue = "修改后内容";

</script>
</html>
```

页面显示效果如图 4.10 所示。

图 4.10　页面显示效果 4.10

其中对于<h1>元素，其 childNodes 中只有文本内容为“oritext”的文本节点，因此使用下标 0 来获取其文本节点。需要注意的是，这种方法只适用于元素节点中原本就存在内容的情况，当原来的元素节点的内容为空时，由于不能给 undefined 类型修改元素，JavaScript 会报错。

对于<div>元素，其 childNodes 中的内容输出如图 4.11 所示。

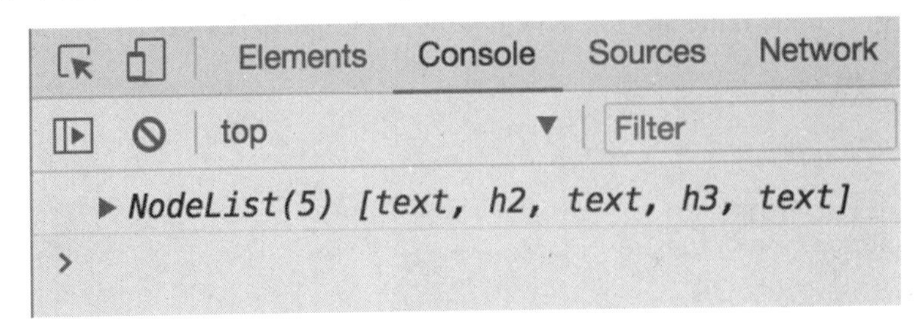

图 4.11 样例输出 4.11

虽然在 HTML 文档中显示<div>元素中只存在两个子节点。但是从图 4.11 中可以看出实际上其中存在了 5 个子节点，除了文档中显示的 3 个节点之外，在<h2>之前和<h3>之后各存在两个文本节点。实际上对于<div>对象，如果 JavaScript 发现其第一个子节点为空或不为文本节点时会自动添加一个文本节点在其首部作为第一个子节点，同样地，对于最后一个节点在不为文本节点时也会自动添加一个文本节点在其尾部，当<div>元素为空时，只添加一个文本节点。因此可以通过 childNodes 返回的子节点数组来访问收尾的文本节点并通过修改其 nodeValue 属性对其内容进行修改。

4.1.3 获取和修改元素的属性

在获取到元素节点之后，访问和修改其属性同样有以下两种方法。

（1）直接通过其属性的属性名来访问和修改，写法如下：

```
获取到的元素节点.属性名 = "修改后的值";
```

如果不需要修改也可以直接使用其属性，具体代码如下：

```
<!DOCTYPE html>
<html>

<head>
<meta charset="UTF-8">
<title>changeAttr</title>
</head>
<body>
    <p id="Pid" name="Pname">My P</p>
</body>
<script>
    console.log(document.getElementById("Pid").id);
    document.getElementById("Pid").name = "Pname2";
    console.log(document.getElementById("Pid").name);
</script>
</html>
```

输出如图 4.12 所示。

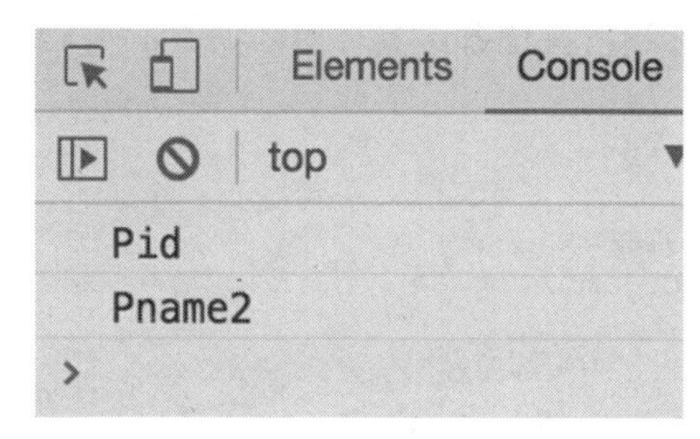

图 4.12　样例输出 4.12

（2）使用 setAttribute(属性名, 属性值)和 getAttribute()两个函数来设置和获取元素的属性值，具体用法如下：

```
<!DOCTYPE html>
<html>

<head>
<meta charset="UTF-8">
<title>changeAttr</title>
</head>
<body>
    <p id="Pid">My P</p>
</body>
<script>
    var myP = document.getElementById("Pid");
    myP.setAttribute("style","font-weight: bold");
    myP.innerHTML = myP.getAttribute("style");

</script>
</html>
```

页面显示效果如图 4.13 所示。

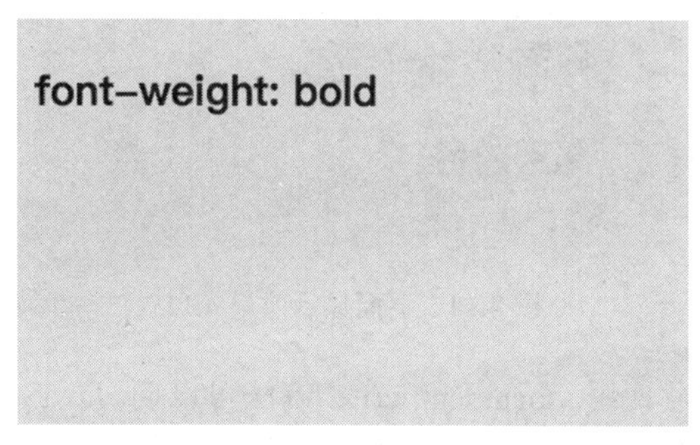

图 4.13　页面显示效果 4.13

通过修改元素的 style 属性，可以对其 CSS 样式进行修改，在某些情况下通过 JavaScript 代码修改页面中元素的 CSS 样式可以达到动态页面的效果。

4.1.4　修改 HTML 输出流

因为 DOM 中的 document 代表了整个文档对象，因此直接向 document 中写入内容可以改变整个 HTML 页面的输出流。使用 document.write（输出内容）方法可以使用给定的输出内容直接写入<script>标签所在位置，具体用法如下：

```
<!DOCTYPE html>
<html>
<head>
    <meta charset="UTF-8">
    <title>output stream</title>
    <script>
        document.write("头部内容");
    </script>
</head>
<body>
    <h1>标题1</h1>
    <script>
        document.write("<span style='font-weight: bold'>中间内容</span>");
    </script>
    <p>段落1</p>
</body>
<script>
    document.write("尾部内容");
</script>
</html>
```

页面显示效果如图 4.14 所示。

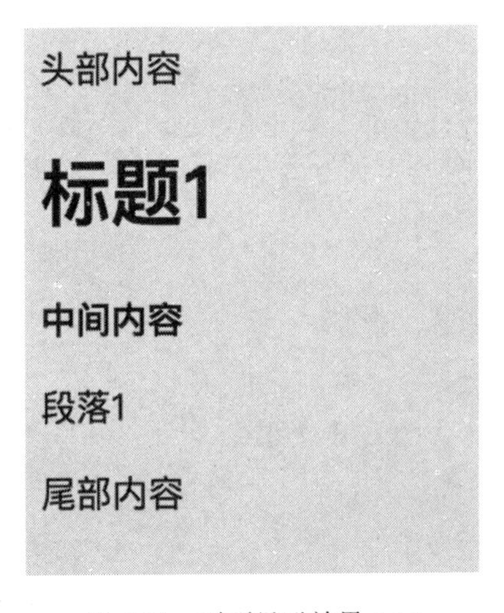

图 4.14　页面显示效果 4.14

通过输出可以看到，使用 document.write 方法可以向 JavaScript 脚本所在位置插入 HTML 代码，其中内容既可以是纯文本内容，也可以是标签元素，需要注意的是，插入的部分要保证不会出现引号重复的情况，为避免这种情况可以使用转义符。

4.1.5　修改元素的 CSS 样式

在 4.1.3 节中，我们给出了一个通过修改元素 style 属性的方法来修改元素的 CSS 样式，但是使用这种方式每次修改的时候都需要把 CSS 代码全部赋给 style 属性，否则未写入的内容会被清空。如果只想修改单一的 CSS 样式，则可以使用 style 属性，具体写法如下：

```
获取的元素对象.style.property = "被设置的值";
```

style 属性虽然是一个访问器属性，但是并不像 document.cookie 只对写到的部分更新，而是直接用新写入的内容替换旧的所有内联样式内容。

其中 property 是 CSS 的具体样式，例如 font-weight、color 等。具体代码如下：

```
<!DOCTYPE html>
<html>
<head>
    <meta charset="UTF-8">
    <title>changeCSS</title>
</head>
<body>
    <p>不修改属性的段落</p>
    <p id="myP">修改属性的段落</p>
</body>
<script>
    var myP = document.getElementById("myP");
    myP.style.fontWeight = "bold";
    myP.style.fontSize = "20px";
</script>
</html>
```

页面显示效果如图 4.15 所示。

不修改属性的段落

修改属性的段落

图 4.15　页面显示效果 4.15

从代码中可以看到，JavaScript 代码中的属性名和 CSS 代码中的属性名是不同的，在使用时需要注意。

注意，文档加载过程中，文档处于“打开”状态，所以调用 document.write 属于追加文档流内容。但是文档加载完成之后，文档自动“关闭”，此时再调用 document.write 将重新打开文档流，这会导致内容被清空。所以在控制台调用 document.write 会导致当前文档内容“消失掉”。

4.1.6　向页面中添加元素

在 4.1.4 节中，通过输出流可以向页面中直接输入一个新的元素，但是把元素的内容都写在输出流中不是很方便和妥当。在 DOM 中如果需要向页面中添加新的元素可以通过创建元素节点的方式，向父节点中追加新的元素节点。创建元素节点和文本节点的方法如下：

```
document.createElement("标签名");
document.createTextNode("文本内容");
```

在创建了节点后，需要使用节点对象的 appendChild（节点对象）方法来向其他元素中添加一个元素，具体代码如下：

```
<!DOCTYPE html>
<html>
<head>
    <meta charset="UTF-8">
    <title>createElement</title>
</head>
<body>
    <p>原来的段落</p>
</body>
<script>
    var myP = document.createElement("p");
    var PText = document.createTextNode("新加入的段落");
    myP.appendChild(PText);
    document.body.appendChild(myP);
</script>
</html>
```

页面显示效果如图 4.16 所示。

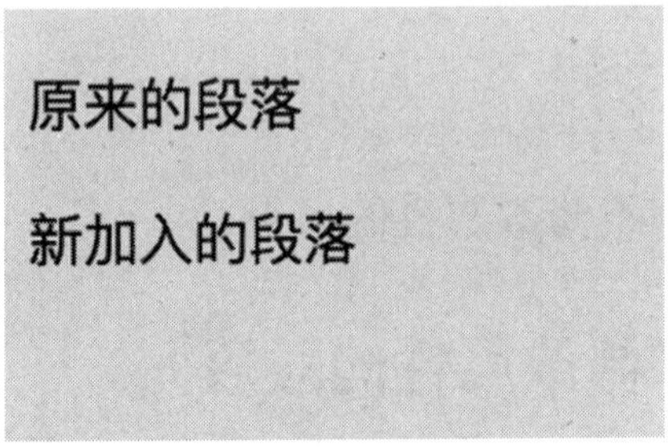

原来的段落

新加入的段落

图 4.16　页面显示效果 4.16

从 HTML 代码中可以看出，原来的页面中是没有任何内容的，在页面添加了<p>元素和其段落内容后，创建的元素可以正常显示出来，但是会显示在父元素的最后。如果需要按一定顺序添加元素，可以使用 insertBefore（节点对象，兄弟节点对象）方法来使元素插入在某个兄弟节点元素之前，具体代码如下：

```
<!DOCTYPE html>
<html>
<head>
    <meta charset="UTF-8">
    <title>createElement</title>
</head>
<body>
    <p id="oriP">原来的段落</p>
</body>
<script>
    var myP = document.createElement("p");
    var PText = document.createTextNode("新加入的段落");
    myP.appendChild(PText);
```

```
    var oriP = document.getElementById("oriP");
    document.body.insertBefore(myP, oriP);
</script>
</html>
```

页面显示效果如图 4.17 所示。

通过 insertBefore()方法就可以把元素插入在指定的位置。

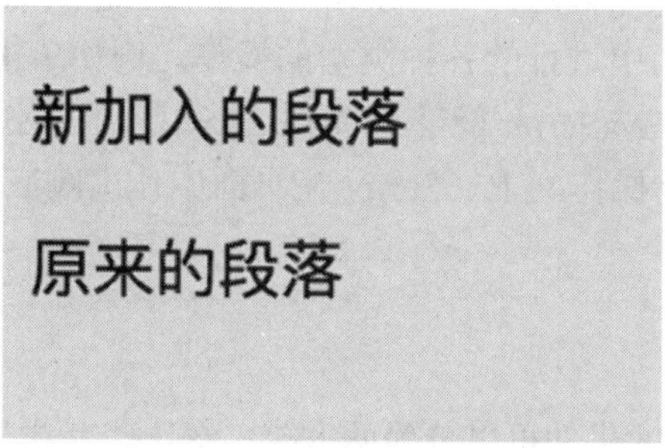

图 4.17　页面显示效果 4.17

4.1.7　删除页面中的元素

如果需要删除页面中的某个元素，使用的方法和添加元素类似，只是将 appendChild()方法替换为 removeChild，通过删除父节点的子节点来实现删除元素的效果，具体代码如下：

```
<!DOCTYPE html>
<html>
<head>
    <meta charset="UTF-8">
    <title>delete</title>
</head>
<body>
    <p>原来的段落</p>
    <p id="myP">被删除的段落</p>
</body>
<script>
    var myP = document.getElementById("myP");
    document.body.removeChild(myP);
</script>
</html>
```

页面显示效果如图 4.18 所示。

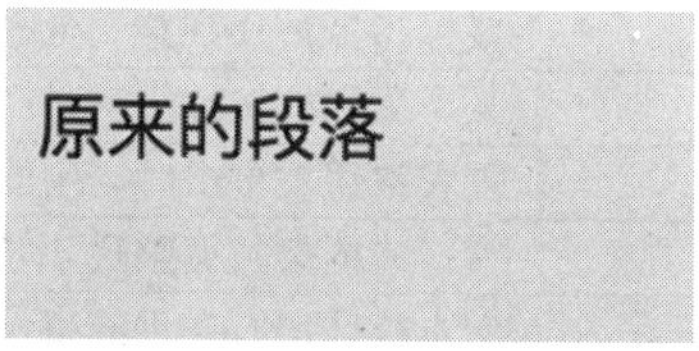

图 4.18　页面显示效果 4.18

可以看到原来的 HTML 代码中的段落被删除了，除了通过父元素.removeChild 删除元素以外，还可以通过元素.remove() 来删除它。

4.2 JavaScript 事件驱动

JavaScript 的事件驱动是能够生成动态页面的核心部分，JavaScript 能够通过事件驱动在一定条件下对 HTML 元素进行操作，从而针对不同事件使页面中的元素呈现不同的状态，而展示出不同的页面效果，这就是由 JavaScript 生成的动态页面。

事件指的是用户在页面中进行的各种类型的操作，例如单击鼠标、移动鼠标、键盘输入等。事件驱动指的就是 JavaScript 能够捕捉到这些用户的操作事件，然后通过编写代码对其作出响应，从用户进行操作到 JavaScript 在页面中作出响应的整个过程称为 JavaScript 的事件驱动。

4.2.1 事件类型

在 JavaScript 中，所有的事件可以分为两大类：第一类是由用户操作所产生的事件，例如用户单击鼠标、按下键盘按键等。第二类是由页面本身产生的事件，例如页面加载完成、图片加载完成等。

HTML 4.0 中定义的事件如表 4.1 所示。

表 4.1 HTML 4.0 中定义的事件

事件名称	事件描述
onabort	图像加载被中断时产生的事件
onblur	元素失去焦点时产生的事件
onchange	用户改变域内容时产生的事件
onclick	鼠标单击某个对象时产生的事件
ondbclick	鼠标双击某个对象时产生的事件
onerror	加载文档或图像时发生某个错误产生的事件
onfoucus	元素获得焦点时产生的事件
onkeydown	某个键盘的健被按下时产生的事件
onkeypress	某个键盘的键被按下或按住时产生的事件
onkeyup	某个键盘的键被松开时产生的事件
onload	某个页面或图像完成加载时产生的事件
onmousedown	某个鼠标按键被按下时产生的事件
onmousemove	鼠标指针移动时产生的事件
onmouseout	鼠标指针从某元素移开时产生的事件
onmouseover	鼠标指针被移到某元素之上时产生的事件
onmouseup	某个鼠标按键被松开时产生的事件
onreset	重置按钮被单击时产生的事件
onresize	窗口或框架被调整尺寸时产生的事件
onselect	文本被选定时产生的事件
onsubmit	提交按钮被单击时产生的事件
onunload	用户退出页面时产生的事件

对于这些事件，其触发的条件不同，能够产生事件的元素也不同，有的事件只有特定

的元素才能够产生，例如只有<form>元素才能产生 onsubmit 事件。对于不同的浏览器，同一事件触发的要求也不同，而且许多浏览器内置了很多其他的事件类型，有的也很常用，但是由于浏览器之间存在差异，这里不再列出浏览器内置的事件。

4.2.2 绑定事件

事件只有绑定在 HTML 页面中某个元素或整个页面上才能够获取响应，而事件绑定需要满足以下三个条件：

（1）能够产生事件的对象：事件要绑定在对象上，需要明确指出触发事件的对象，而且是有条件能够触发事件的对象。

（2）产生哪种事件：对于同一对象可以同时存在多种事件，需要明确指出对于该对象需要 JavaScript 捕捉的是哪种事件。

（3）响应事件的方法：当触发了事件以后，需要采用一定的方式响应该事件才会达到触发事件的目的，因此需要明确给出如何响应绑定的事件。

在 JavaScript 中事件绑定一共有三种方法。

（1）在 HTML 代码中绑定事件：在 HTML 元素中使用其事件属性，赋给其事件属性一个 JavaScript 函数名，通过编写该函数的内容就能够响应元素中产生的事件，其写法如下：

```
<标签名事件属性="函数名(函数参数)">

<script>
    function 函数名(参数){
        响应内容
    }
</script>
```

通过这种直接在 HTML 代码中绑定一个函数名，然后编写同名的 JavaScript 函数就可以达到响应事件的效果，具体示例代码如下：

```
<!DOCTYPE html>
<html>
<head>
    <meta charset="UTF-8">
    <title>Event</title>
</head>
<body>
    <button onclick="launEvent()">点我触发事件</button>
</body>
<script>
    function launEvent(){
        alert("成功触发了事件");
    }
</script>
</html>
```

当单击按钮时弹出警告框，页面显示效果如图 4.19 所示。

图 4.19　页面显示效果 4.19

对于警告弹窗的内容在 4.2.2 节会详细介绍，从页面显示效果中可以看出，当单击了按钮以后出现了弹窗提示，这就代表了页面在用户的操作下出现了变化，也就是产生了动态页面的效果。

（2）在 JavaScript 代码中为元素的事件属性赋值：在 4.2.2 节介绍了如何获取和修改元素的属性，事件也是作为属性存在于元素对象之中，赋值给其事件属性和直接在 HTML 中赋值是没有区别的，写法如下：

```
获取到的元素节点.事件属性名 = 函数名(参数);

function 函数名( 参数 ){
    响应内容
}
```

其使用方法也和第一种方法类似，只是将绑定事件的语句写在 JavaScript 代码中，而不是 HTML 代码中，具体示例代码如下：

```
<!DOCTYPE html>
<html>
<head>
    <meta charset="UTF-8">
    <title>Event</title>
</head>
<body>
    <button id="btn">点我触发事件</button>
</body>
<script>
    var btn = document.getElementById("btn");
    btn.onclick = launEvent;
    function launEvent(){
        document.write("单击了按钮");
    }
</script>
</html>
```

单击按钮后显示效果如图 4.20 所示。

单击了按钮

图 4.20　页面效果 4.20

需要注意的是，当单击了按钮之后，原来的 button 按钮消失了，页面中只有“单击了按钮”这句话，这是因为当单击按钮时，HTML 页面已经加载完毕。如果此时再用 document.write 方法将内容写入输出流会将整个 HTML 页面覆盖，只能显示新的输出流中的部分。

（3）使用 addEventListener("事件名",函数)方法来为对象绑定事件回调函数，其函数的写法可以使用函数名，然后在其他地方编写函数体，也可以直接写回调函数。具体示例代码如下：

```
<!DOCTYPE html>
<html>
<head>
    <meta charset="UTF-8">
    <title>Event</title>
</head>
<body>
    <button id="btn1">点我触发第一个事件</button>
    <p id="p1"></p>
    <button id="btn2">点我触发第二个事件</button>
    <p id="p2"></p>

</body>
<script>
    var btn1 = document.getElementById("btn1");
    btn1.addEventListener("click",function(){
        document.getElementById("p1").innerHTML = "成功触发第一个事件";
    });

    btn2.addEventListener("click",btn2func);

    function btn2func(){
        document.getElementById("p2").innerHTML = "成功触发第二个事件";
    }
</script>
</html>
```

先后单击两个按钮后，页面显示效果如图 4.21 所示。

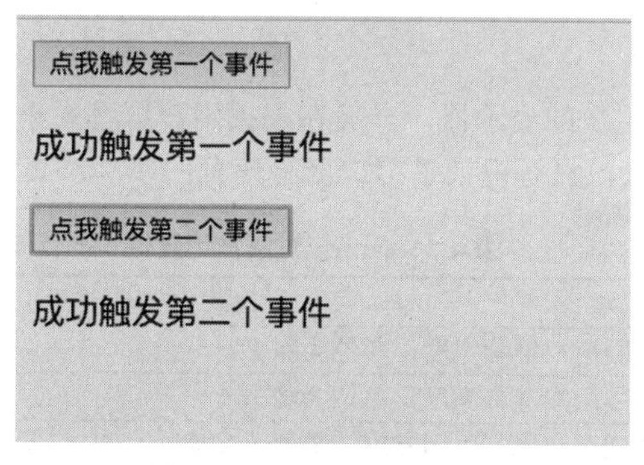

图 4.21　页面显示效果 4.21

需要注意的是，使用 addEventListener 为元素添加事件时的事件名不能加前面的 on，比如 onclick 要写作 click。示例中用两种回调函数的编写方式为两个按钮绑定了方法，两种方法可以达到相同的效果，具体使用哪一种可以根据个人喜好进行选择。

4.3 浏览器对象模型

浏览器对象模型（Browser Object Model，BOM），顾名思义是一种能够对浏览器内容进行访问和操作的工具。使用 BOM 接口可以使 HTML 页面实现与浏览器之间的交互，同样的用户也可以通过 HTML 页面实现与浏览器之间的交互。

4.3.1 window 对象简介

window 对象和 document 对象类似，都是全局对象，也是各自模型的顶层对象。document 代表的是 HTML 文档，而 window 对象代表的则是浏览器窗口，而相对于 document 对象而言，window 对象的层次要更高一层。在 JavaScript 中所有的全局对象和全局函数都是 window 对象的属性和方法，是凌驾于所有对象之上的最高层次的对象，而且 window 对象的所有方法和属性都可以不加 window 对象名直接调用，例如 document 就可以直接在 JavaScript 代码中使用。我们在第 2 章提到过，不使用 var 或者 let 关键字定义的变量都会设置为 window 对象的一个属性，因此这种变量可以全局使用的理由就解释得通了。

window 对象还包括重要的几个子对象，也都是全局对象，可以不加 window 关键字直接使用。

（1）document 对象：在 4.1 节中提到过，document 对象代表了整个 HTML 文档，在 JavaScript 中使用的频率非常高。

（2）screen 对象：代表了用户屏幕的对象，其中包括分辨率、宽度等信息。

（3）location 对象：代表了当前 HTML 页面 URL 的对象。

（4）history 对象：代表用户浏览器历史的对象。

（5）navigator 对象：代表了用户浏览器的对象，其中包括浏览器名称、版本等信息。

这些全局对象在 JavaScript 中都可以直接使用，而且分别代表了一个浏览器页面的各个重要部分。除了这些全局对象之外，window 还提供了很多重要的全局方法，比较常用的方法有对话框方法、窗口操作方法、延时方法等。

4.3.2 screen 对象

screen 对象代表了用户的显示器，一般在根据用户屏幕大小对页面进行适配时较为常用，screen 对象没有方法，只有记录了用户屏幕信息的属性，其常用属性如表 4.2 所示。

表 4.2 screen 对象常用属性

属 性 名	属 性 描 述
width	返回用户屏幕宽度，单位为像素
height	返回用户屏幕高度，单位为像素
availWidth	返回用户屏幕可用宽度，单位为像素
availHeight	返回用户屏幕可用高度，单位为像素
colorDepth	返回屏幕颜色的深度

其中 availWidth 等于屏幕宽度减去边框宽度，通常和 width 相等，而 availHeight 等于

屏幕高度减去工具栏高度，通常比屏幕宽度会少一些，当浏览器开启全屏模式时二者相等。screen 对象属性的具体用法如下：

```
<!DOCTYPE html>
<html>
<head>
    <meta charset="UTF-8">
    <title>ScreenInfo</title>
</head>
<body>
</body>
<script>
    console.log("屏幕宽度 = "+screen.width);
    console.log("屏幕高度 = "+screen.height);
    console.log("可用宽度 = "+screen.availWidth);
    console.log("可用高度 = "+screen.availHeight);
    console.log("颜色深度 = "+screen.colorDepth);
</script>
</html>
```

输出如图 4.22 所示。

图 4.22　样例输出 4.22

4.3.3　location 对象

location 对象代表了页面的 URL 地址，能够获取当前页面的地址、文件的路径、服务器使用的端口，而且其一个很重要的功能是通过改变其地址使浏览器能够跳转到一个新的页面。

location 对象的属性都是和地址相关，其常用属性如表 4.3 所示。

表 4.3　location 对象的常用属性

属 性 名	属 性 描 述
protocol	返回当前页面所使用的协议名
hostname	返回当前页面的域名或 IP
host	返回当前页面的域名或 IP 以及服务器使用的端口
port	返回当前页面服务器使用的端口

续表

属 性 名	属 性 描 述
pathname	返回当前页面的路径
search	返回当前页面的参数
href	返回当前页面完整的 URL
hash	返回当前页面的锚

其中 search 属性返回的参数是包含“?”符号的，而 hash 返回的锚也是包含“#”符号的。location 对象属性的具体用法如下：

```
<!DOCTYPE html>
<html>
<head>
    <meta charset="UTF-8">
    <title>Location</title>
</head>
<body>
</body>
<script>
    console.log("协议 = "+location.protocol);
    console.log("主机名 = "+location.hostname);
    console.log("主机 = "+location.host);
    console.log("端口 = "+location.port);
    console.log("路径 = "+location.pathname);
    console.log("参数 = "+location.search);
    console.log("锚 = "+location.hash);
    console.log("URL = "+location.href);
</script>
</html>
```

输出如图 4.23 所示。

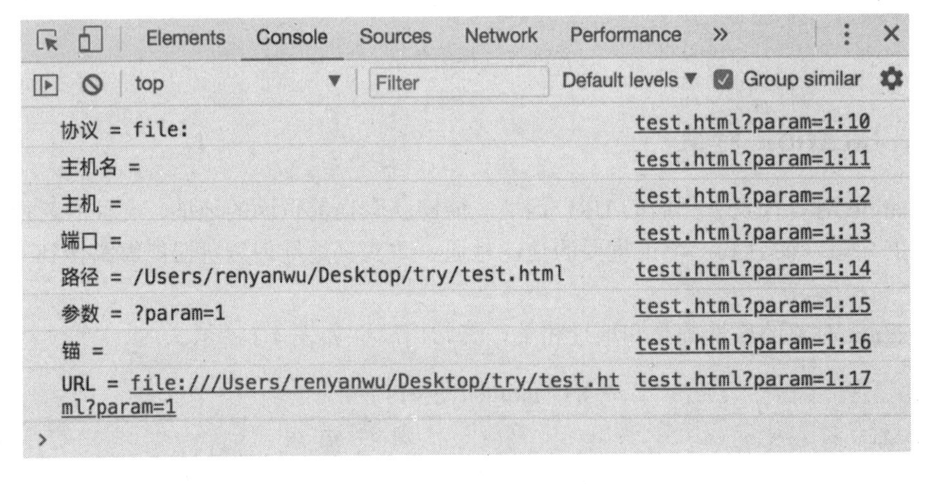

图 4.23　样例输出 4.23

因为是直接打开的本地 HTML 文件，所以协议为 file，和主机相关的属性都为空。而由于没有锚的存在，锚的属性也为空。href 属性是一个访问器属性，所以对其赋值会触发函数调用，因此还可以通过给 href 属性赋值来跳转到其他的页面，例如：

```
location.href = "新的页面链接";
```

这样就可以直接跳转到新的页面，和在 HTML 页面中使用<a>的超链接具有相同的效果。location 对象还提供了两个方法可以使页面更新。

（1）reload()：能够刷新页面，与在浏览器中单击刷新按钮的效果相同。

（2）replace(URL)：能够用新的 URL 的页面来替换目前的页面，与在浏览器中输入新的页面并载入的效果相同。

这两种方法都能够在浏览器中更新页面，由于展示效果不明显，读者可以自己编写代码尝试。

同时，location.href 可以监听一个 hashchange 事件，在 URL 的 hash 部分变化时触发事件回调。许多单页面应用路由就是通过监听 hashchange 事件来实现的。有兴趣的读者可以进一步了解有关内容。

4.3.4 history 对象

history 对象代表了浏览器的浏览记录，history 对象能够把浏览的记录保存在一个队列当中，可以支持页面的返回和前进。history 对象的属性只有一个 length，该属性能够返回当前浏览器窗口浏览过的网页的个数。history 对象的方法有三个。

（1）back：返回上一个页面，与浏览器中的后退按钮具有相同功能。

（2）forward：进入下一个页面，与浏览器中的前进按钮具有相同功能。

（3）go(n)：可以直接跳转到浏览器访问过的第 n 个页面。

history 对象方法的具体使用方法如下：

```
<!DOCTYPE html>
<html>
<head>
    <meta charset="UTF-8">
    <title>History</title>
</head>
<body>
    <p>
    <button onclick="goBack()">后退</button>
    <button onclick="goFor()">前进</button>
    </p>
    <p>
    <input id="inputN" type="text">
    <button onclick="goToN()">去第n个页面</button>
    </p>
</body>
<script>
    function goBack(){
        history.back();
    }
    function goFor(){
```

```
            history.forward();
        }
        function goToN() {
            n = document.getElementById("inputN").value;
            if(isNaN(n)){
                console.log("不能为非数字");
            }
            else if(n>history.length || n<=0)
            {
                console.log("n取值不对")
            }
            else{
                history.go(n);
            }
        }
    </script>
    </html>
```

页面显示效果如图 4.24 所示。

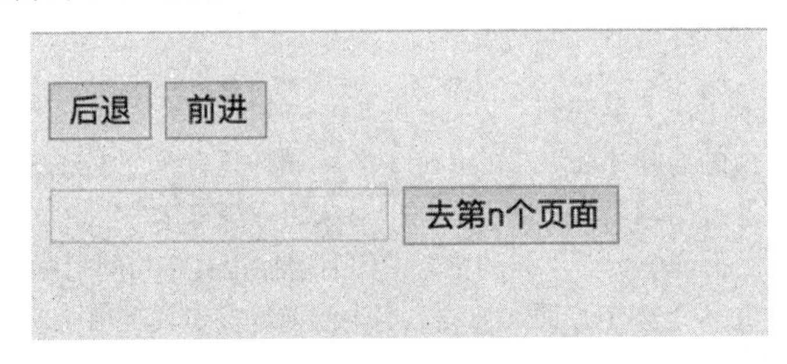

图 4.24　页面显示效果 4.24

对于“前进”和“后退”按钮，其效果和浏览器中的前进后退按钮的效果相同，而对于“去第 n 个页面按钮”则是使用了 go 方法，能跳转到“第输入的数字”页面按钮。在代码中对输入值做了限定，首先其必须为数字。其次其必须为大于 0 而且小于 length 的值的数，当输入不符合要求的值时，输出结果如图 4.25 所示。

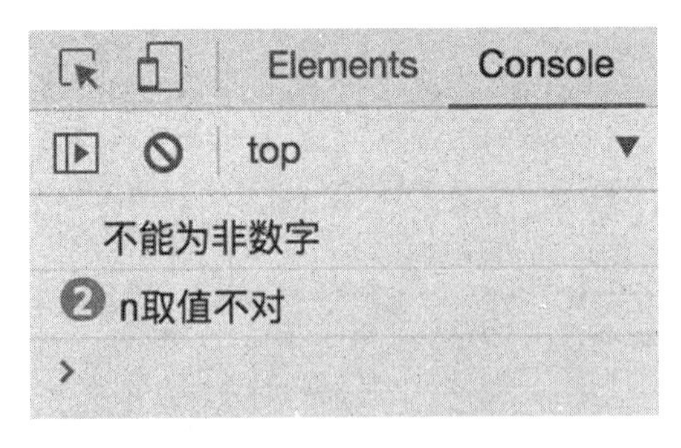

图 4.25　样例输出 4.25

由于效果很难用图片展示，建议读者自己编写代码对 history 对象的属性和方法的用法进行练习。

4.3.5 navigator 对象

navigator 对象代表了用户的浏览器，其中包含了浏览器的名称、版本、用户、插件等信息。对于 navigator 对象的使用一般只是用其属性，因为 navigator 没有常用的方法。navigator 的属性就包含了用户的浏览器的属性，navigator 的常用属性如表 4.4 所示。

表 4.4　navigator 对象常用属性

属 性 名	属 性 描 述
appName	返回浏览器名称
appVersion	返回浏览器版本号
appCodeName	返回浏览器代码名
platform	返回浏览器硬件平台信息
userAgent	返回用户代理内容
cookieEnable	返回浏览器是否支持 Cookie
plugins	返回浏览器插件数组
language	返回浏览器默认语言

当在页面的 JavaScript 代码中使用这些属性时，返回的是访问该页面使用的浏览器的信息，具体代码如下：

```
<!DOCTYPE html>
<html>
<head>
    <meta charset="UTF-8">
    <title>Navigator</title>
</head>
<body>

</body>
<script>
    console.log("浏览器名称："+navigator.appName);
    console.log("浏览器版本号："+navigator.appVersion);
    console.log("浏览器代码名："+navigator.appCodeName);
    console.log("浏览器硬件平台："+navigator.platform);
    console.log("用户代理内容："+navigator.userAgent);
    console.log("浏览器是否支持Cookie："+navigator.cookieEnabled);
    console.log("浏览器插件数组："+navigator.plugins);
    console.log("浏览器默认语言："+navigator.language);
</script>
</html>
```

输出如图 4.26 所示。

从输出中可以看到浏览器的基本信息，当浏览器支持 Cookie 时 cookieEnable 的返回值为 true，不支持时返回 false。需要注意的是，关于浏览器的内容用户是可以自行修改的，因此 navigator 返回的内容不一定是真实的内容。

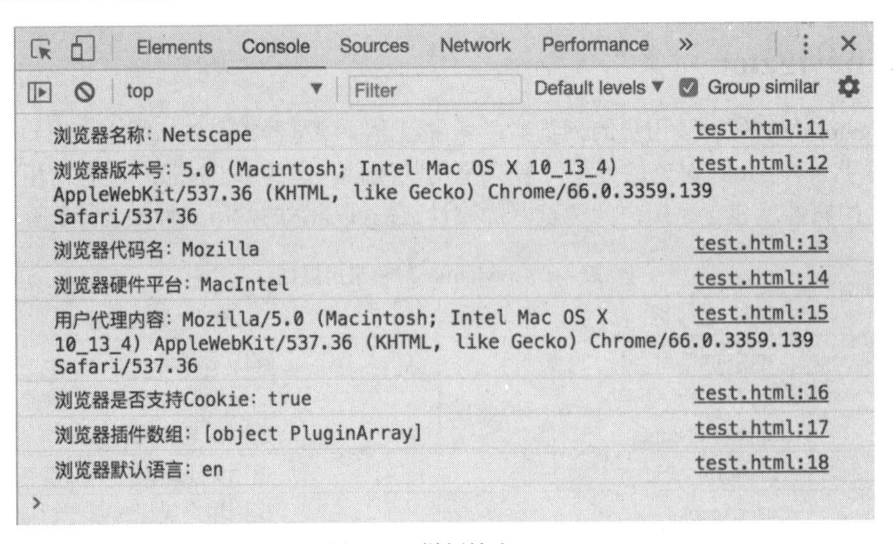

图 4.26　样例输出 4.26

4.3.6　网页弹窗

平时浏览网页时，经常会遇到网页中的弹窗，其中有些是警告，有些是询问是否确认某项提交功能，有些则还包含了输入框。这些网页的弹窗都是由 window 对象的方法产生的，网页的弹窗对象一共包括三种。

（1）警告弹窗：使用 window.alert("警告内容")调用，一般用于警告用户的某些操作，弹窗中只有一个“确定”按钮，单击后弹窗消失，Chrome 浏览器下的警告弹窗的样式如图 4.27 所示。

图 4.27　警告弹窗的样式 4.27

（2）确认弹窗：使用 window.confirm("确认内容")调用，一般用于在用户提交某项操作时提醒其是否确认提交。确认弹窗在 Chrome 浏览器中的样式如图 4.28 所示。

图 4.28　确认弹窗的样式 4.28

弹窗中有一个“确定”按钮和一个“取消”按钮，当单击“确定”按钮时会返回 true，而单击“取消”按钮则返回 false。使用确认弹窗的具体代码如下：

```
<!DOCTYPE html>
<html>
<head>
    <meta charset="UTF-8">
    <title>Confirm</title>
</head>
<body>
    <p id="myP"></p>
</body>
<script>
    var myP = document.getElementById("myP");
    myP.innerHTML = confirm("这是一个确认弹窗");
</script>
</html>
```

当单击“确定”按钮时页面显示效果如图 4.29 所示。

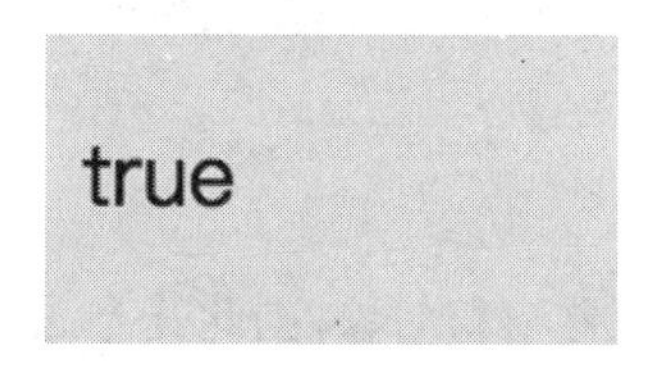

图 4.29　页面显示效果 4.29

（3）提示弹窗：使用 window.prompt("提示内容"[, "输入框占位值"])调用，一般在需要用户输入内容时使用，输入框占位符参数可以省略。提示弹窗在 Chrome 浏览器中的样式如图 4.30 所示。

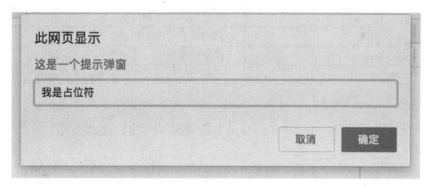

图 4.30　提示弹窗的样式 4.30

弹窗中有一个输入框、一个“确定”按钮和一个“取消”按钮，当单击“确定”按钮时会返回输入框中的内容，当输入框中没有内容时返回空字符串；当单击“取消”按钮时返回 null 值。具体代码如下：

```
<!DOCTYPE html>
<html>
<head>
    <meta charset="UTF-8">
```

```
    <title>Prompt</title>
</head>
<body>
    <p id="myP"></p>
</body>
<script>
    var myP = document.getElementById("myP");
    myP.innerHTML = prompt("这是一个提示弹窗","我是占位符");
</script>
</html>
```

当输入“输入内容”后单击“确定”按钮时，页面显示效果如图 4.31 所示。

图 4.31　页面显示效果 4.31

4.3.7　窗口操作

window 对象代表的就是浏览器窗口对象，因此其方法中包括了很多对于浏览器窗口的操作方法，window 对象对浏览器窗口操作的常用方法如表 4.5 所示。

表 4.5　浏览器窗口操作的常用方法

方 法 名	方 法 描 述
open([url], [name], [features], [replace])	打开新窗口
close()	关闭当前窗口
moveTo(x,y)	移动当前窗口到(x,y)
moveBy(x,y)	移动当前窗口，移动距离(x,y)
resizeTo(width, height)	调整当前窗口尺寸大小到(width, height)
resizeBy(width, height)	调整当前窗口尺寸到大小，调整距离(width, height)

表 4.5 中列出的方法总体可以分为三类，第一类是打开和关闭窗口，对于关闭当前窗口 close()就是直接把窗口关闭，不会出现其他的情况。而对于 open 方法，根据其参数的不同出现的情况比较复杂。

对于 open()方法的 4 个参数，都是可以省略的，具体描述如下。

（1）url：打开指定 URL 的网页，如果省略，则打开一个空白的网页。

（2）name：打开指定名称的窗口，如果省略，则打开 URL 指定的窗口，如果指定名称的窗口不存在则打开 url 指定的窗口。

（3）features：设置打开窗口的属性，如果省略，新打开的网页和原网页窗口属性相同。

（4）replace：布尔值参数，是否覆盖浏览历史，true 表示覆盖浏览历史，false 表示不覆盖，如果省略，默认为 false。

features 参数可以设置新打开窗口的属性，包括宽度、高度，是否显示工具栏等，其常用项目如表 4.6 所示。

表 4.6　features 参数常用值

参 数 名	参 数 描 述
width	打开窗口的宽度，单位为像素
height	打开窗口的高度，单位为像素
toolbar	打开的窗口是否显示工具栏，yes 表示显示，no 表示不显示
menubar	打开的窗口是否显示菜单栏，yes 表示显示，no 表示不显示
location	打开窗口是否显示地址栏，yes 表示显示，no 表示不显示
status	打开窗口是否显示状态栏，yes 表示显示，no 表示不显示
scrollbars	打开窗口是否显示滚动条，yes 表示显示，no 表示不显示
resiable	用户是否可以调整打开窗口的大小，yes 表示能，no 表示不能

用户可以通过组合这 4 个参数的值来实现想要实现的效果，例如：

open()：打开空页面。

open("http://baidu.com", "google")：打开名字为“google”的页面，如果不存在打开百度首页。

open("http://baidu.com ","width=200")：打开百度首页，设置其宽度为 200 像素。

open("test.html", true)：打开“test.html”页面，并且覆盖浏览历史。

通过以上组合方式，开发者可以根据需求自由组合 open 方法，由于该方法在 Chrome 浏览器中对浏览器窗口的设置无效，因此图片体现不出其效果，读者可以通过编写给出的示例代码，观察实际效果来理解这部分内容。

window 对象操作的第二类方法是移动窗口的位置，其中 moveTo 和 moveBy 的参数的单位都是像素。两者的区别是，moveTo 是移动后的窗口左上角位置就是(x, y)，而 moveBy 移动后的窗口位置等于原位置坐标+(x,y)，例如：

moveTo(100, 100)：把窗口左上角移动到(100, 100)点处。

moveBy(100, 100)：把窗口向右移动 100 个像素，再向下移动 100 个像素。

window 对象操作的第三类方法就是改变窗口的大小，resizeTo 和 resizeBy 的区别与 moveTo 和 moveBy 的区别相同，To 是给出改变后的结果，By 是给出改变的多少，例如：

resizeTo(100, 100)：把窗口调整到 100 像素×100 像素的大小。

reizeBy(100, 100)：把窗口的宽度和高度都增加 100 像素。

这部分内容的图片展示效果都很难能够体现其变化的过程，读者可以自行编码体验其效果。

4.3.8　计时事件

有时候需要编写的代码在间隔一定的时间后才执行，例如在执行一系列特效时，两个特效之间要存在一个间隔的时间。JavaScript 提供了一个能够延时执行代码的全局方法，这种方法被称为计时事件。

JavaScript 内置了两个计时事件的方法。

setTimeout(回调函数, 间隔时间)：经过间隔时间（毫秒）后只执行一次函数中的代码。

setInterval(回调函数, 间隔时间)：每经过间隔时间（毫秒）就执行一次函数中代码，无限循环“等待→执行→等待→执行”这一过程。

此外还有 requestAnimationFrame(回调函数)，它主要用于在空闲时执行有关回调，时间粒度相较于 setTimeout 和 setInterval 更低一些。此函数调用将回调函数放入事件队列中，只会执行一次，所以在回调函数内需要再次调用 requestAnimationFrame（回调函数）。由于是将回调函数放入事件队列，所以并不是递归调用，更不会爆栈。

对于这两个函数的回调函数，采用回调函数两种写法的任何一种都可以，具体示例代码如下：

```
function outFunc(){
    console.log("setTimeout");
}

setTimeout(outFunc,1000);
setInterval(function(){
    console.log("setInterval");
},1000);
```

7 秒后的输出如图 4.32 所示。

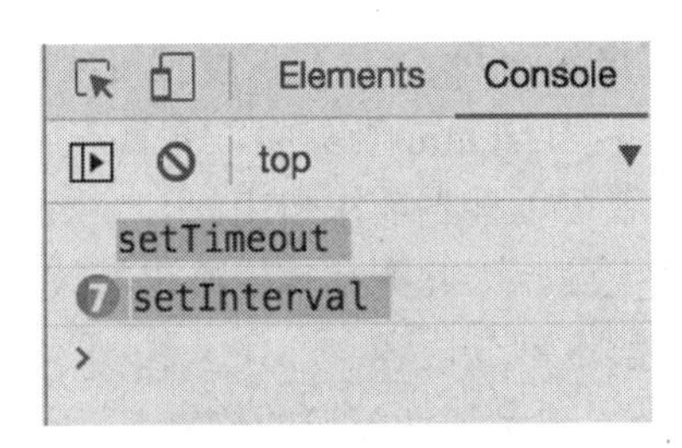

图 4.32　样例输出 4.32

从输出结果可以看出，setTimeout 只输出了一次，而 setInterval 则是每秒输出一次共输出了 7 次。但是对于这两个方法，尤其是 setInterval()方法只要网页在打开状态，就会一直运行其回调函数，而对于 setTimeout()方法，如果在等待时间内不想执行其回调函数，也是没有办法停止的。为了解决这两个问题，JavaScript 给出了两个清除计时事件的函数：

- clearInterval(Interval 事件)
- clearTimeout(Timeout 事件)

clearInterval()方法可以使 Interval 事件不再无限执行下去，而 clearTimeout()方法在 Timeout 事件的等待事件中调用时就会取消 Timeout 事件的触发，即使到了触发的时间，其回调函数也不会被执行，具体代码如下：

```
function outFunc(){
    console.log("setTimeout");
}

var st = setTimeout(outFunc,10000);
var si = setInterval(function(){
    console.log("setInterval");
},1000);

setTimeout(function(){
    clearTimeout(st);
    clearInterval(si);
    console.log("end");
```

```
},7000);

setTimeout(function(){
    console.log("11秒了");
},11000);
```

11 秒后的输出如图 4.33 所示。

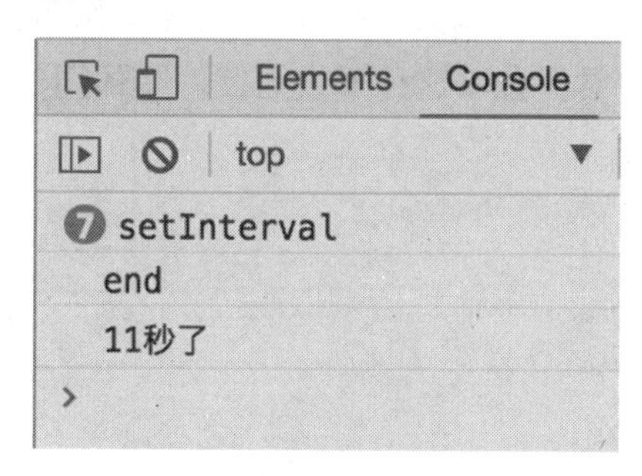

图 4.33　样例输出 4.33

从输出结果可以看出，7 秒后 Interval 事件被清除，不再输出“setInterval”，而 Timeout 事件也被清除，所以即使过了 11 秒也没有输出“setTimeout”。

4.4　Cookie

Cookie 是网页将某些信息存在用户系统中的文件，当网页需要保存一些信息在客户端中，在以后访问时就会创建一个 Cookie，将信息内容保存以供下次使用。Cookie 使用最常见的场景就是在用户登录中，一般的网站登录，用户在登录后就会把登录时的用户名和密码保存在 Cookie 中，该用户在短时间内再次访问该网站时就不需要再进行登录操作了。

Cookie 文件中的信息是以“属性名=属性值”这种形式存储在文件中的，但是每一个 Cookie 文件都会有其固定的部分，Cookie 文件主要包括以下几部分。

- 名称：每个 Cookie 都会有一个特定的名称，通过名称来获取 Cookie。
- 值：存放在 Cookie 中的值。
- 有效期：Cookie 通常不会永久保存，如果不设置有效期，用户在关闭浏览器后 Cookie 就会失效；设置了有效期后，则是过了有效期才会失效。
- 路径：对于 Cookie 文件，所有与生成 Cookie 同一目录下的网页都可以访问，但如果希望别的目录下的网页也可以访问就需要设置其路径，使其他网页也能够访问。
- 域：即使设置了路径，Cookie 也被在当前域中的网页访问，而设置了域之后可以被其他域中的网页访问。
- 安全性：如果不对 Cookie 文件进行加密，其中的内容是明码保存的，可以通过查看 Cookie 文件直接获取。当设置了安全性后，Cookie 就只能在安全的协议中传递信息，例如 HTTPS 协议。

4.4.1　创建和获取 Cookie

使用 document 中的 cookie 属性就可以直接获取 Cookie 中的内容，其内容以字符串的形式保存在 cookie 属性中，其字符串格式如下：

```
document.cookie = "name=value; [expires=date]; [path=path]; [domain=domain];
[secure]";
```

其中 name、value、expires、path、domain 和 secure 分别对应的部分是名称、值、有效期、路径、域和安全性。其中除了名称和值的部分不能缺省，其余部分都可以缺省。在读取 Cookie 中的内容时，结果也会以这种形式返回，具体用法如下：

```
<!DOCTYPE html>
<html>
<head>
<meta charset="UTF-8">
<title>Cookie</title>
</head>

<body>
<p>
    <input type="text" id="cookieText">
<button onclick="setCookie()">点我设置Cookie</button>
</p>
<p id="showCookie"></p>
</body>
<script>
function setCookie(){
var textVal = document.getElementById("cookieText").value;
document.cookie = "cookieName="+textVal+";expires=Thu, 10 May 2018 12:00:00
GMT; path=/";
document.getElementById("showCookie").innerHTML = document.cookie;
}
</script>
</html>
```

当在输入框中输入“123”，单击按钮时，页面显示效果如图 4.34 所示。

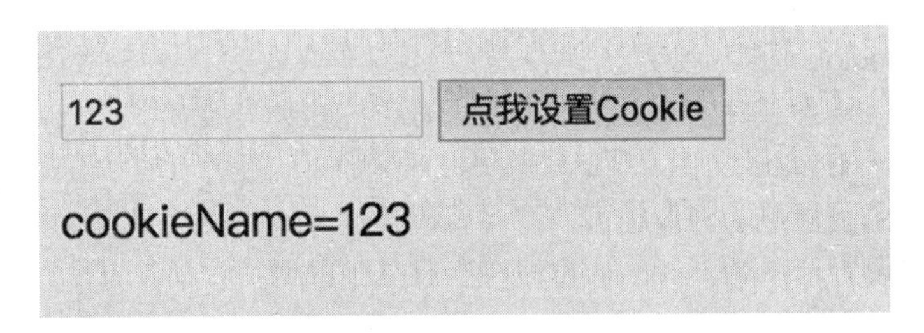

图 4.34　页面显示效果 4.34

在页面中输出的 cookie 内容值有其名称和值，在 Chrome 浏览器中如果想要查看其有效期和路径等内容则需要在 Chrome 的 Cookie 功能中查看，其 Cookie 的详细内容如图 4.35 所示。

在 Cookie 的详细信息中就可以查看其路径和域名等内容，需要注意的是，因为 Cookie

是基于域名来存储的，因此不能直接使用本地 HTML 页面文件来进行测试，只有放在服务器上才会生效，本示例就是采用本地服务器支持的页面，因此其域名为 localhost。

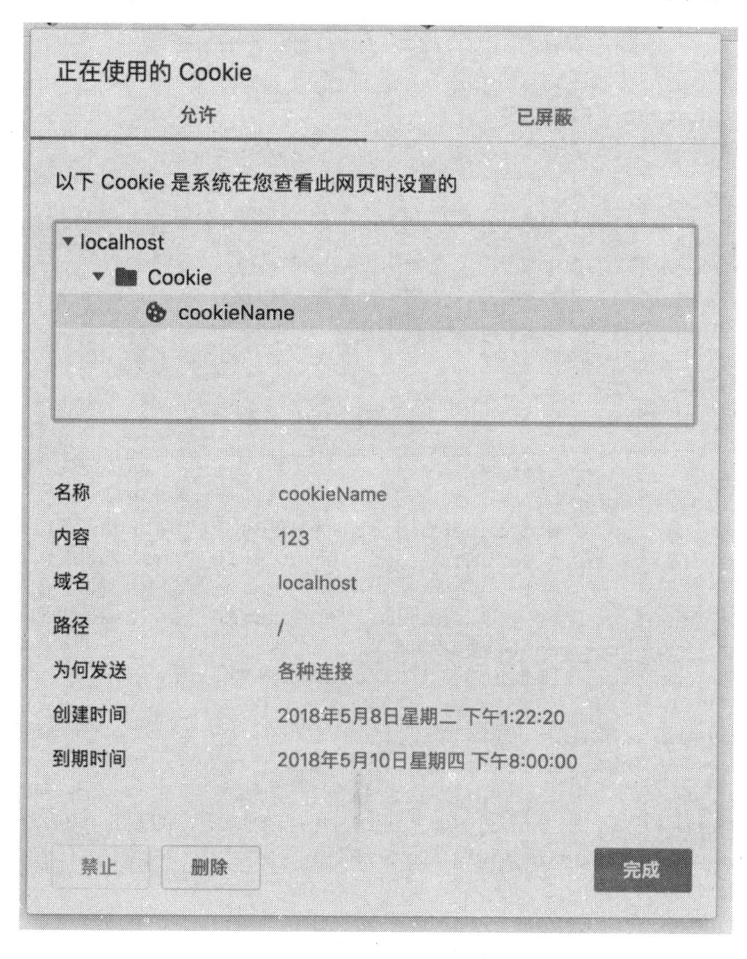

图 4.35　Cookie 的详细内容 4.35

4.4.2　使用 Cookie 存储多条信息

在 4.4.1 节中，介绍了 Cookie 的创建和读取，按 4.4.1 节中提供的方法，如果需要保存多条数据就要创建多个 Cookie，但是需要注意的是，每个域最多只能创建 20 个 Cookie，而且浏览器最多只能保存 300 个 Cookie，因此当需要保存的内容较多时，创建多个 Cookie 的方法并不可取。

当遇到需要在 Cookie 中存储多条数据时，例如需要同时存储用户名和密码时，可以创建一个包含多个内容的 Cookie，使用"&"符号分隔存储多条信息。但是需要注意的是，每个 Cookie 的最大尺寸是 4KB，保存的数据量不能超过这个值，其写法如下：

```
document.cookie = "名称=值1&名称=值2……&名称n=值n";
```

通过这种方式可以在一个 Cookie 中存储多条数据，读取时也是以整个字符串的形式返回，如果需要单独获取其中的某个数据，可以使用字符串分隔或者检索的方法，具体示例代码如下：

```
<!DOCTYPE html>
<html>

<head>
    <meta charset="UTF-8">
    <title>Cookie</title>
</head>

<body>
    用户名：<input type="text" id="username">
    密码：<input type="text" id="password">
    <button  onclick="setCookie()">登录</button>
    <p id="showCookie"></p>
    <p id="un"></p>
    <p id="pw"></p>
</body>
<script>
    function setCookie() {
        var username = document.getElementById("username").value;
        var password = document.getElementById("password").value;

        document.cookie = "username="+username+"&password="+password;
        var ck = document.cookie;
        document.getElementById("showCookie").innerHTML = ck;

        var un = ck.split('&')[0];
        var pw = ck.split('&')[1];

        document.getElementById("un").innerHTML = "用户名: "+un.split('=')[1];
document.getElementById("pw").innerHTML = "密码: "+pw.split('=')[1];
    }
</script>

</html>
```

示例为方便效果展示，密码没有使用密文输入。当用户名输入“hhh”，密码输入“123”时页面效果如图 4.36 所示。

图 4.36　页面效果 4.36

通过使用字符串的 split 方法能够获得每个单独的名称/值配对，再使用一次就能够使名称和值分开，使用字符串检索方法也能够达到此效果，利用字符串操作方式就可以获取每条信息的值。

由于 document.cookie 是访问器属性，所以对它写入时，只对写入的键值对进行更新，而读取它时则返回所有的键值对。如：

```
document.cookie="a=1";
document.cookie="b=2";
```

那么 document.cookie 现在的值是"a=1&b=2"。

写入时可以带上一些如 httpOnly 这样的属性，它们虽然存储了，但是以 document.cookie 去取的时候并不会取出这些信息。

4.4.3 删除 Cookie

如果需要删除 Cookie，利用其超过有效期自动删除的特性，只要设置其有效期在当前时间之前就可以删除 Cookie，具体代码如下：

```
<!DOCTYPE html>
<html>

<head>
    <meta charset="UTF-8">
    <title>Cookie</title>
</head>

<body>
    <p>
        <input type="text" id="cookieText">
        <button onclick="setCookie()">点我设置Cookie</button>
    </p>
    <p id="showCookie">原来的内容</p>
</body>
<script>
    function setCookie() {
        var textVal = document.getElementById("cookieText").value;
        var expire = new Date();
        document.cookie = "cookieName=" + textVal + ";expires=Thu, 10 May
        2018 12:00:00 GMT; path=/";
        deleteCookie();
        document.getElementById("showCookie").innerHTML = document.cookie;
    }

    function deleteCookie(){
        document.cookie = ";expires=Thu, 01 Jan 1970 00:00:00 GMT";
    }
</script>

</html>
```

在输入框中输入“123”后单击按钮，页面显示效果如图 4.37 所示。

图 4.37　页面显示效果 4.37

可以看到 document.cookie 中的值已经被清空了，通过这种设置 Cookie 有效期过期的方法就能成功删除 Cookie。

4.5 表单验证

在浏览器中实现表单验证是 JavaScript 这门语言被发明时的最初目的，也是 JavaScript 中非常经典的一种用法，在实际网页中使用也非常广泛，使用场景包括注册、登录、邮箱格式验证等，几乎所有存在输入框的网页都会存在表单验证这一功能。JavaScript 能够在浏览器中对其输入进行校验而不需要返回到服务器去验证。表单验证是每一个前端程序员不可或缺的技能之一。

4.5.1 表单元素

表单元素的标签是<form>，表单元素可以在页面中出现多个，但是不允许嵌套。表单元素本身不包括任何内容，其内容需要靠子元素的填充来添加。表单元素除了 HTML 元素共有的属性之外还具有几个自身特有的属性，如表 4.7 所示。

表 4.7 表单元素属性

属性名	属性描述
action	表单数据提交的 URL 地址，如果 action 省略或内容为空字符串则提交到当前地址
method	表单数据提交方式，分为 GET 和 POST 两种，其中 GET 是将数据拼接成一个字符串发送，而 POST 则是将数据分隔开后发送
target	用来制定接收和处理表单数据的窗口
enctype	设置传送数据的格式，默认为 application/x-www-form-urlencoded
onsubmit	表单提交事件
onreset	表单重置事件

利用这些属性可以对表单发送的数据和对象进行设置。对于 onsubmit 事件，指的是表单的提交事件，在单击表单的子元素中 type 属性为 submit 的<input>元素时触发。

对于 onreset 事件，指的是表单的重置事件，在单击表单的子元素中 type 属性为 resize 的<input>元素时触发。触发事件后如果返回值为 true，表单的输入框中内容将会被重置为 HTML 元素中原有内容；如果返回值为 false，则表单的内容不发生变化。表单元素的示例代码如下：

```
<!DOCTYPE html>
<html>

<head>
    <meta charset="UTF-8">
    <title>Form</title>
</head>

<body>
    <form action="http://www.baidu.com" onsubmit="showA()">
        <input type="text" id="txt1">
        <input type="submit">
    </form>
```

```
    <form onreset="return showC()">
        <input type="text" id="txt2" value="原有的内容" >
        <input type="reset">
    </form>
</body>
<script>
    function showA(){
        var txt1 = document.getElementById("txt1").value;
        alert(txt1);
    }

    function showC(){
        var txt2 = document.getElementById("txt2").value;
        return confirm("修改后内容为: "+txt2+" 是否重置");
    }
</script>
</html>
```

在第一个输入框中输入“123”后单击第一个按钮，页面显示效果如图 4.38 所示。

图 4.38　页面显示效果 4.38

在单击警告框的“确定”按钮后，页面会自动跳转到百度的主页中，提交到其 action 中的提交 URL。当在第二个输入框中输入“888”后单击第二个按钮，页面显示效果如图 4.39 所示。

图 4.39　页面显示效果 4.39

当单击“确定”按钮后，第二个输入框中的内容会被重置为“原有的内容”，当单击“取消”按钮时第二个输入框的内容将继续保持“888”。

4.5.2 表单对象

对于表单对象，在 DOM 中除了常规的获取方法之外，还有两种比较特殊和快捷的获取方法。

一种是直接通过其 name 属性名获取，而另一种是通过 document.forms 属性返回 form 对象数组来获取，获取表单对象的具体代码如下：

```
<!DOCTYPE html>
<html>
<head>
    <meta charset="UTF-8">
    <title>Form</title>
</head>

<body>
    <form name="form1"></form>
    <form name="form2"></form>
    <form name="form3"></form>
</body>
<script>
    console.log(document.form1);
    console.log(document.forms[1]);
    console.log(document.form3);
</script>
</html>
```

输出如图 4.40 所示。

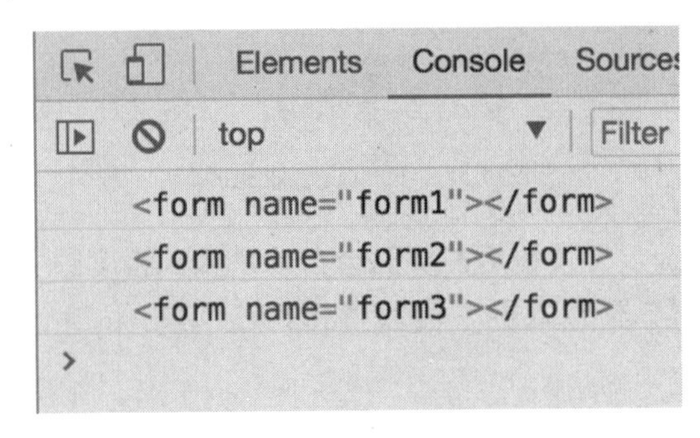

图 4.40　样例输出 4.40

对于 HTML 页面中出现的表单元素，其 name 属性值被赋给了 document 作为一个属性，而表单则作为属性值存在 document 之中。而 forms 数组则是能够按表单出现的顺序返回一个表单数组，通过数组可以获取各个表单。

表单对象具有和表单元素相同的属性，也具有 HTML 元素对象普遍具有的属性和方法可供调用，另外表单元素还具有特有的两个方法。

submit()：触发提交表单事件。

reset()：触发重置表单事件。

表单对象的具体示例代码如下：

```
<!DOCTYPE html>
```

```
<html>
<head>
    <meta charset="UTF-8">
    <title>Form</title>
</head>

<body>
    <form name="form1">
        <input type="submit" value="form1按钮">
    </form>
    <form name="form2" onsubmit="return form2Sub()">
        <input id="txt" type="text" value="原有内容">
        <input type="submit" value="form2提交按钮">
        <input type="reset" value="form2重置按钮">
    </form>
</body>
<script>
    document.form1.action = "http://baidu.com";
    document.form1.onsubmit = function(){
        alert("提交了form1");
    }

    function form2Sub(){
        var tag = confirm(document.getElementById("txt").value);
        if(tag)
        {
            document.forms[1].reset();
        }
        else{
            return false;
        }
    };

    document.forms[1].addEventListener("reset", function(){
        var txt2 = document.getElementById("txt").value;
        alert("form2内容已被重置,输入内容为: "+txt2);
    });

</script>
</html>
```

当单击 form1 的按钮时，页面显示效果如图 4.41 所示。

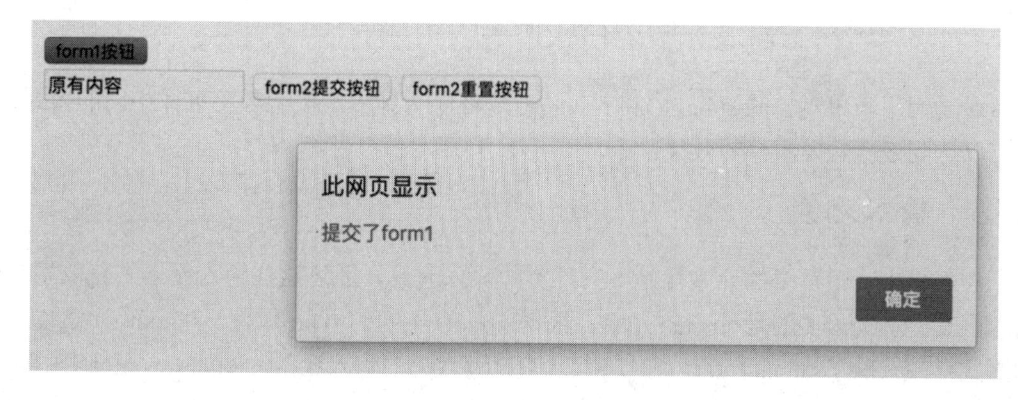

图 4.41　页面显示效果 4.41

当单击“确定”按钮后，因为设置了 action 属性的 URL 所以能够直接跳转到百度主页当中去。

当在 form2 的输入框中输入“888”后，单击 form2 的提交按钮时，页面显示效果如图 4.42 所示。

图 4.42　页面显示效果 4.42

此时单击“取消”按钮后，页面中输入框元素将保持 888 不变，而如果单击“确定”按钮后，触发了 form2 的 reset 事件，会运行 reset 事件绑定的函数，此时页面显示效果如图 4.43 所示，与单击 form2 重置按钮的效果相同。

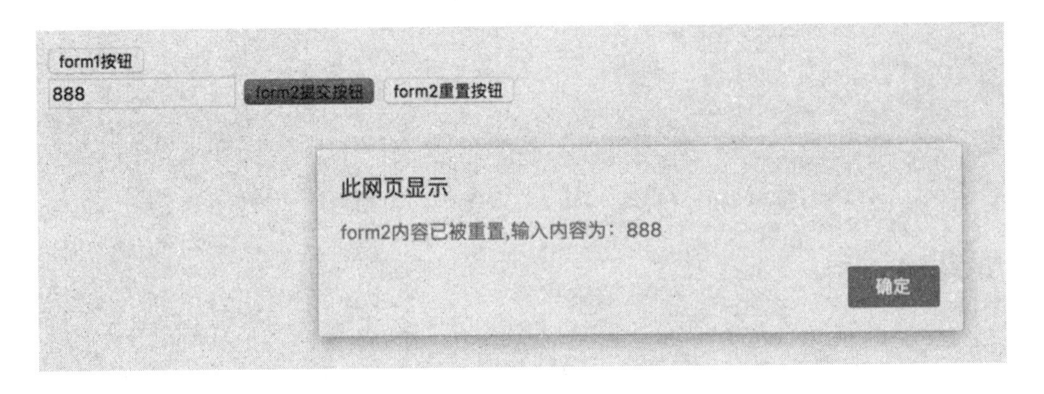

图 4.43　页面显示效果 4.43

通过调用表单对象的 submit()和 reset()函数可以达到单击按钮触发事件相同的效果，而且可以达到嵌套触发事件的效果。

4.5.3　输入元素

在表单中，最重要的元素就是不同种类的输入元素，通过这些输入元素来获取用户的输入。其中种类最多的是<input>元素，根据<input>不同的 type 属性，<input>元素以不同的形式存在，除了<input>元素外，还有一些比较常见的输入元素，例如<textarea>元素等，表 4.8 中列出了常用的输入元素。

表 4.8　常用的输入元素

标　　签	描　　述
<input type="text">	文本输入框
<input type="password">	密码输入框
<input type="button">	普通按钮
<input type="radio">	单选按钮组
<input type="checkbox">	复选框组
<input type="submit">	提交按钮
<input type="reset">	重置按钮
<textarea>	多行文本输入区域
<select><option></option></select>	选择列表

在 HTML 页面中使用这些输入元素的方法和获取用户在这些输入元素中的输入的方法如下：

```
<!DOCTYPE html>
<html>
<head>
    <meta charset="UTF-8">
    <title>InputElements</title>
</head>

<body>
    <form>
        <p>文本输入框：<input id="txt" type="text"></p>
        <p>密码输入框：<input id="pw" type="password"></p>
        <p>普通按钮：<input id="btn" type="button" value="显示结果" onclick=
        "showRes()"></p>
        <p>
            单选按钮1：<input name="rad" id="rd1" type="radio" value="radOpt1">
            <br>
            单选按钮2：<input name="rad" id="rd2" type="radio" value="radOpt2">
            <br>
            单选按钮3：<input name="rad" id="rd3" type="radio" value="radOpt3">
        </p>
        <p>
            复选框1：<input name="che" id="cb1" type="checkbox" value="cheOpt1">
            <br>
            复选框2：<input name="che" id="cb2" type="checkbox" value="cheOpt2">
            <br>
            复选框3：<input name="che" id="cb3" type="checkbox" value="cheOpt3">
        </p>
        <p>提交按钮：<input id="sub" type="submit"></p>
        <p>重置按钮：<input id="res" type="reset"></p>
```

```
        <p>多行文本输入区域：<br>
            <textarea id="area" style="width:100px;height: 100px;"></textarea>
            </p>
        <p>
            选择列表：
            <select id="sel">
                <option value="selOpt1">第一个选择</option>
                <option value="selOpt2">第二个选择</option>
                <option value="selOpt3">第三个选择</option>
            </select>
        </p>
    </form>
</body>
<script>
    function showRes(){
        console.log(document.getElementById("txt").value);
        console.log(document.getElementById("pw").value);

        var radArr = document.getElementsByName("rad");
        for(var i=0;i<radArr.length;i++){
            if(radArr[i].checked){
                console.log(radArr[i].value);
                break;
            }
        }

        var cheArr = document.getElementsByName("che");
        var cheOut = "";
        for(var i=0;i<cheArr.length;i++){
            if(cheArr[i].checked){
                cheOut+=cheArr[i].value+" "
            }
        }
        console.log(cheOut);

        console.log(document.getElementById("area").value);
        console.log(document.getElementById("sel").value);
    }
</script>
</html>
```

这些输入元素的默认样式在页面中的显示效果如图 4.44 所示。

页面中显示都是这些元素的默认样式，开发者可以通过编写 CSS 代码修改其样式来使页面看起来更美观。当向这些输入元素中输入如图 4.44 所示的内容时，控制台中的输出如图 4.45 所示。

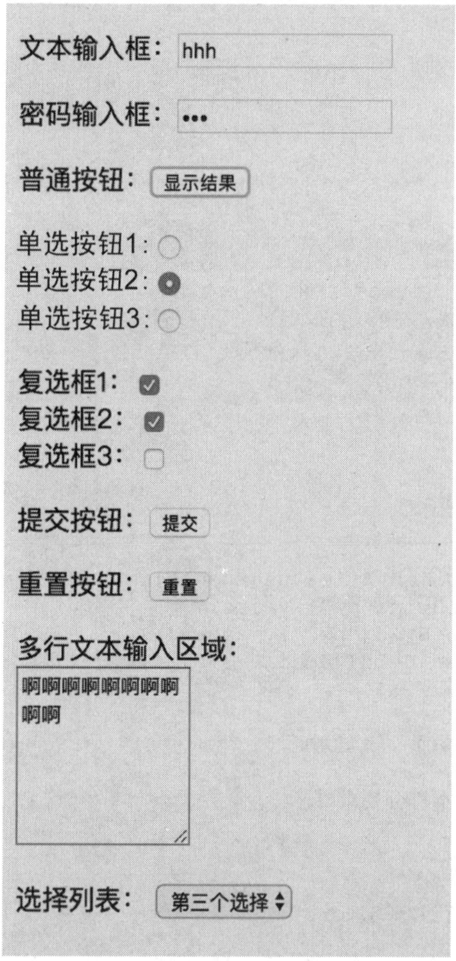

图 4.44　页面显示效果 4.44

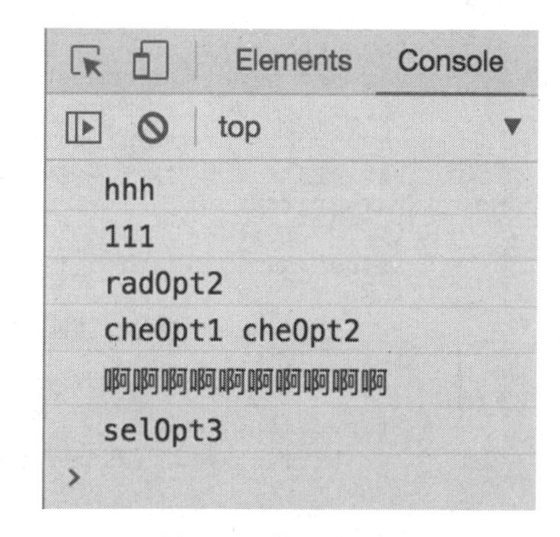

图 4.45　样例输出 4.45

4.5.4　表单验证示例

经过 4.5.1～4.5.3 节的介绍，可以在提交表单时编写函数来响应 onsubmit 事件，同样也可以在 JavaScript 代码中获取输入元素的值。那么只要在编写的响应函数中，对用户输入的数据进行判断，当不合法时让表单的提交函数返回 false，而合法时返回 true，使其能够提交，就可以实现表单验证功能。

如今我们设定一个用户注册的使用场景，用户需要输入用户名、密码、确认密码以及邮箱 4 项内容，其中各项要求如下：

（1）用户名必须小于 12 个字符大于 4 个字符。

（2）密码必须大于或等于 6 个字符。

（3）确认密码必须和密码相同。

（4）邮箱必须以邮箱的格式给出（必须有“@”符号和“.”符号，其中“@”符号不能出现在第一个字符；“.”符号不能出现在最后一个字符；“@”符号必须在“.”符号之前且不能相连。

为使输入结果可见，密码部分不采用密文，具体示例代码如下：

```
<!DOCTYPE html>
<html>
<head>
    <meta charset="UTF-8">
    <title>Form</title>
</head>

<body>
    <form onsubmit="return check()">
        <p>用户名：<input id="username" type="text"></p>
        <p>密码：<input id="pw" type="text"></p>
        <p>确认密码：<input id="pw2" type="text"></p>
        <p>邮箱：<input id="email" type="text"></p>
        <p>提交按钮：<input type="submit"></p>
        <p id="err"></p>
    </form>
</body>
<script>
    function check(){
        var username = document.getElementById("username").value;
        var pwd = document.getElementById("pw").value;
        var pwd2 = document.getElementById("pw2").value;
        var email = document.getElementById("email").value;
        var errText = "";

        if(username.length<5 || username.length>11)
        {
            errText+="错误1：用户名长度不符合要求<br>";
        }

        if(pwd.length<6){
            errText+="错误2：密码长度不符合要求<br>";
        }

        if(pwd2 != pwd)
        {
            errText+="错误3：两次密码输入不符<br>";
        }

        if(!checkEmail(email))
        {
            errText+="错误4：Email格式不对";
        }

        if(errText.length>0)
        {
            document.getElementById("err").innerHTML = errText;
            return false;
        }
        else{
            alert("注册成功！");
            return true;
        }
    }

    function checkEmail(email)
    {
        var at = email.indexOf('@');
```

```
            var d = email.indexOf('.');
            if(at<=0 || d>=email.length || d-at<=1)
            {
                return false;
            }
            return true;
        }
    </script>
    </html>
```

图 4.46 中给出了当用户按给出的数据输入时页面显示效果。

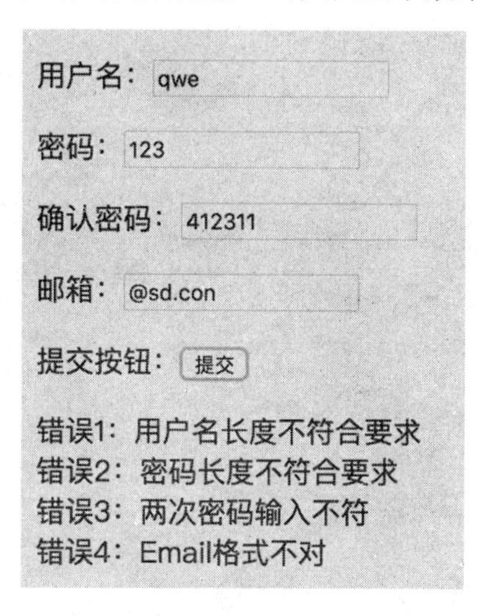

图 4.46　页面显示效果 4.46

当用户输入的数据全部符合要求时，会弹出弹窗显示“注册成功！”字样。示例给出的是一个最简单的表单验证，但无论多复杂的表单验证，其思路和方法都基本是固定的，只需要修改具体的内容就可以实现不同种类的表单验证。读者可以根据不同场景练习编写不同的表单验证，熟悉表单验证的整个流程。

4.6　JavaScript 实现简单动画效果

既然 JavaScript 能够操作 HTML 中的元素，那么如果对某个元素在短时间内进行一系列如缩放大小、移动位置等操作，就会令其看起来似乎像动画一样，就如同看的视频一样，视频实际上也是由许多图片在很短的时间内不断切换，当切换的速度超过人眼能够识别的速度时，在观看的时候就会感觉图片中的内容是在动的。一般来说，我们平时观看的大多数视频都是 30 帧 / 秒，即 1 秒钟有 30 张图片的切换，每两张图片的间隔时间约为 33 毫秒。因此可以通过使用计时时间中的 setInterval 方法，使页面中的元素每 33 毫秒发生一次变化，这样就可以实现像视频一样的动画效果了。

4.6.1　动画效果一：块元素平移

移动块元素（<div>）的方法很简单，设置其 CSS 代码中的位置就可以。因此只要编写一个 setInterval 方法的回调函数，函数中内容让<div>元素的位置改变，然后间隔时间设置在 33 毫秒以内就可以实现块元素的平移动画，具体代码如下：

```
<!DOCTYPE html>
<html>
<head>
    <meta charset="UTF-8">
    <title>MoveDiv</title>
</head>

<body>
    <div id="myDiv" style="width: 100px;height: 100px;background-color:
    black;position: absolute;left: 0">
    </div>
</body>
<script>
    var myDiv = document.getElementById("myDiv");
    var left = 0;

    var go = setInterval(function(){
        left+=1;
        myDiv.style.left=left+"px";
        if(left>100)
        {
            clearInterval(go);
        }
    },30);

</script>
</html>
```

页面加载成功后，块元素就开始缓慢向右移动，经过一段时间后，块元素的位置如图 4.47 所示。

图 4.47 块元素的位置 4.47

从 HTML 代码中可以看出，块元素的初始位置是紧贴页面的左侧，经过一段时间的不断平移后，其位置从最左移动了一段距离。而且其整个动作是连贯的，是类似于视频的效果，并不是位置突然改变。其中通过修改间隔时间还可以控制块元素的移动速度，间隔时间越短越快，间隔越长则越慢，但是间隔时间尽量不要超过 33 毫秒，否则会影响视觉的流畅度。在代码中，还设置了清除 Interval 事件的条件，能够在块元素移动一定距离后自行停下。读者可以通过编码练习，尝试在页面中移动各种 HTML 元素。

4.6.2 动画效果二：字体闪烁

有了动画效果一的经验，字体闪烁也是可以用很简单的办法就能够实现的。字体闪烁无非就是字体不断由亮变暗再变亮，只是间隔时间比较短，看起来具有闪烁的效果，实际上也就是 CSS 代码中 font-weight 样式的变化。同样可以通过使用 setInterval 方法来实现，具体代码如下：

```
<!DOCTYPE html>
<html>
<head>
    <meta charset="UTF-8">
    <title>Twinkle</title>
</head>

<body>
    <p id="myP">闪烁字体</p>
    <p>不闪烁字体</p>
</body>
<script>
    var myP = document.getElementById("myP");

    var go = setInterval(function(){
        if(myP.style.fontWeight == 100){
            myP.style.fontWeight = 700;
        }
        else{
            myP.style.fontWeight = 100;
        }
    },100);

    setTimeout(function(){
        clearInterval(go);
    },20000)

</script>
</html>
```

页面加载成功后，“闪烁字体”文字就开始保持闪烁，经过 20 秒后闪烁停止，闪烁时截图如图 4.48 所示。

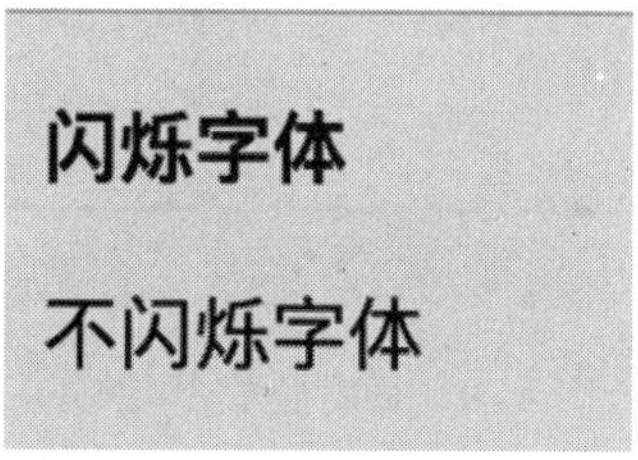

图 4.48　页面显示效果 4.48

在最初两段文字都为正常的粗细，在闪烁过程中，“闪烁字体”一直在重复变粗和变细的过程，因此在视觉中就会产生闪烁的效果，只是此时的事件发生间隔需要比移动滑块时长一些，因为需要人眼能够清楚地捕捉到闪烁的过程。

4.6.3 动画效果三：进度条

在很多网页或者程序中，经常会看到进度条的存在，表示程序加载了多少。在实际使用进度条的时候，是根据资源的加载数目确定当前进度位置，但是其运动过程还是保持动态。其实现方法与块元素平移相似，只是这次是修改元素自身的宽度而不是位置。具体代码如下：

```
<!DOCTYPE html>
<html>
<head>
    <meta charset="UTF-8">
    <title>progressBar</title>
</head>

<body>
    <div style="border: 1px solid #000000;height: 50px;width: 420px">
        <div id="myDiv" style="width: 0;height: 100%;background-color:
#000000"></div>
    </div>
</body>
<script>
    var myDiv = document.getElementById("myDiv");
    var wid = 0;

    var go = setInterval(function(){
        wid+=1;
        myDiv.style.width=wid+"px";
        if(wid>=420)
        {
            clearInterval(go);
        }
    },30);

</script>
</html>
```

页面加载成功后，进度条就缓慢向右填充，即内部块元素的宽度不断增加，经过一段时间后的截图如图 4.49 所示。

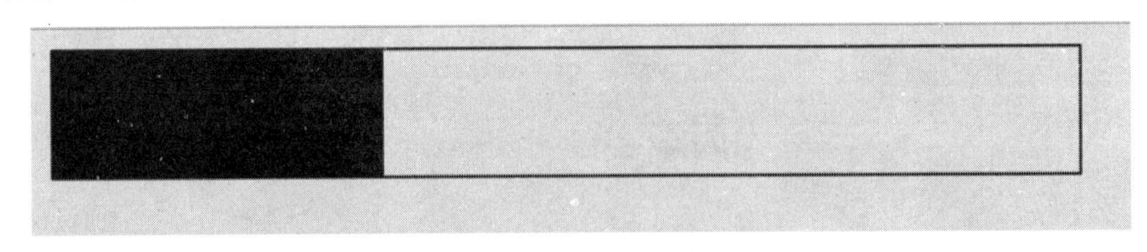

图 4.49　页面显示效果 4.49

当进度条读满时，清除 Interval 事件得到一个 100%进度的进度条。在实际使用时会根据读取资源数的百分比设置断点，当进度条读到某个位置时暂停等待资源加载，加载后再继续向前读取。

对于 JavaScript 产生的页面动态效果的原理都是相同的，利用 Interval 事件在人肉眼难以分辨的间隔下，对某个元素的 CSS 代码或者其他能够显示在页面中的内容进行修改，来得到一个动画的效果。读者可以根据自己喜好练习创建不同种类的 JavaScript 动画效果。

小　结

本章主要介绍了如何利用 JavaScript 生成动态的页面，包括 JavaScript 的两大对象模型：DOM 和 BOM、事件驱动、Cookie、表单验证和动画效果。这部分内容是在实际的开发中应用最多的，也是 JavaScript 最重要的部分，读者务必根据示例代码勤加练习，并尝试设计自己的网页功能。

习　题

1. 一个简单的路由。location.href 只有锚点部分改变时，不会导致页面重新载入，而会触发类型名为 hashchange 的事件并派发给 document.body，事件实例的属性 oldURL、newURL 分别存储旧的和新的 URL。

以下是通过这一知识点创建的简单的路由。

```
<a href="#/article/1">文章1</a><br>
<a href="#/article/2">文章2</a>
<div id="content"></div>
<script>
    articles=["第一篇文章","第二篇文章"];
    document.body.onhashchange=function(e){
        console.log(e.oldURL,e.newURL);

content.innerText=articles[parseInt(e.newURL.split('#')[1].split('/').pop())];
    }
</script>
```

试通过上例创建一个更复杂的路由，使在地址栏输入复杂地址后，在 id 为 content 的 div 内显示路径对应的多级列表（可以用 ul 和 li 等标签实现），并显示 articles 在该路径下的文本。

```
const articles={
    "diary":{
        'today':'it is a funny day!'
    },
    "program":{
        "algorithm":"algorithm is too hard!"
    }
}
```

2. 判断下列说法的正误。

（1）有些 Node 对象在文档中并没有对应的标签。

（2）DOM 同时有 Node 树和 HTMLElement 树两棵树，分别使用不同的 API 访问它们。

3. DOM 事件模型分为冒泡模型和捕获模型。冒泡模型内事件从目标元素逐步向外冒泡到 window 对象，捕获模型内事件从 window 对象逐步被捕获一直传递到目标元素。事件监听器只能设置其中一种模型，但是事件本质传播的阶段依次为 0 未分派、1 捕获、2 目标、3 冒泡。同一元素的事件捕获函数中先设置的事件捕获函数先被调用。

现有一段代码如下：

```
<div id="A" style="width:300px;height:300px;background-color:blue;">
    <div id="B" style="width:100px;height:100px;background-color:red;">
    </div>
</div>
<script>
    A.addEventListener('click',a,true);
    A.addEventListener('click',b,false);
    B.addEventListener('click',c,true);
    B.addEventListener('click',d,false);
    function a(e){
    }
    function b(e){
    }
    function c(e){
    }
    function d(e){
    }

</script>
```

（1）试写出 B.click()发生时的捕获函数的调用顺序。

（2）现改写为如下代码，那么 a，b，c，d 中哪些会被调用？调用顺序是什么？

```
function c(e){
    e.stopPropagation();
}
```

（3）现改写为如下代码，那么 a，b，c，d 中哪些会被调用？调用顺序是什么？

```
function c(e){
    e.stopImmediatePropagation();
}
```

4. 对 document.cookie 进行如下操作（GMT 格式的时间字符串可以通过 new Date（Date.now()+和现在相隔的微秒数）.toString()获取）。

document.cookie 读访问器获取到的内容为：“a=3;b=4;c=5”。写入以下几条键值对：

（1）添加 a=100 且要求此条键值对只能通过 HTTPS 传输。

（2）写入 d=hello 且 expires 为 2020 年 1 月 1 日 12 时 0 分。

（3）删除 a。

第5章 AJAX

本章学习目标

- 了解 AJAX 的应用场景和原理。
- 熟悉 AJAX 的处理流程。
- 学习 XMLHttpRequest 相关语句。
- 通过实例融会贯通 AJAX 的知识。
- 能够在实际项目中使用 AJAX。

本章先向读者介绍 AJAX 的应用场景和作用原理，然后讲述 AJAX 的整个工作流程。讲解 AJAX 的核心对象 XMLHttpRequest 的使用并给出代码实例，最后通过两个场景应用让读者通过程序代码学习 AJAX 在实际项目中的使用方法，并且能够在学习本章内容后写出一些简单的 AJAX 程序。

5.1 AJAX 概述

AJAX 的全称是 Asynchronous JavaScript and XML（异步的 JavaScript 和 XML），因此它是一种把 JavaScript 和 XML 两种技术联合起来解决特殊问题的技术，当然其中还包含了 HTML、CSS 等技术。这门技术非常常用，在 JavaScript 和 XML 技术的发展过程中就有很多人尝试把这两门技术结合起来使用，随着这些技术的不断发展和结合，最终形成了现在十分流行的 AJAX 技术。

5.1.1 AJAX 使用场景

在早年没有使用 AJAX 技术的网站中，当网页需要与服务端产生交互时需要等待服务器的响应。然后通过重载整个页面来实现数据的更新，而 AJAX 就是一种能够在不需要重新加载整个页面的情况下，能够更新部分网页的技术。所以当我们需要在一些比较小的功能模块中与服务器进行交互时，就可以使用 AJAX 技术来只对局部进行更新。

在使用搜索引擎时，无论是 Google 还是百度或者其他的搜索引擎，当输入了几个字或者单词时它会自动联想到一些词语，例如搜索“JavaScript”时，弹出的列表里会出现“JavaScript 教程”。这就是 AJAX 技术最常见的应用之一，利用 AJAX 可以在网页中呈现出极强的动态性。

AJAX 还有一个非常经典的使用场景就是在网站中注册账户，在注册账户时用户名都是要求不能出现重名的，因此在填写了用户名后需要到数据库中校验有没有重名现象。但是可以看到现在的网站中，在注册时，往往在填写用户名的过程中或者刚填写完用户名就会自动显示用户名是否重名，而不需要等到全部填写完成提交后再集体进行校验，或者在填写完用户名后通过单击“检查用户名”功能按钮来进行校验。后者用户只是多进行了一次单击操作，但是前者用户如果用户名重复就意味着还要再次填写注册信息提交等待校验，十分浪费时间。而使用了 AJAX 技术就可以避免这种情况出现，从而大大提高了效率。

5.1.2 异步处理

AJAX 既然全称是异步的 JavaScript 和 XML，那肯定会使用到异步处理，在 5.1.1 节中提到的以前的网站都是用的同步处理的方式，这种处理方式的最大缺陷就是当服务器未返回结果时用户只能等待，不能使用网页的其他功能。当异步操作数据量很小时，可以很快返回结果，而且用户在此期间可以使用其他功能而不被干扰。以建议搜索场景为例，异步处理的过程如下：

（1）用户在搜索栏中输入关键字。

（2）浏览器检测到输入框中有字符出现，将该字符发送到服务器。

（3）服务器处理该字符，用户此时可以继续输入更多或者使用页面的其他功能，当用户继续输入时浏览器重复步骤（2）中的操作，将更长非关键字交给服务器处理。

（4）服务器返回结果，出现建议列表可供用户选择，用户可以选择建议项搜索或者使用自己输入的关键字。

从上述搜索过程中可以看出，用户在输入的时候不用等待服务器给出建议，可以继续输入或者使用网页的其他功能而不会影响到返回建议列表的过程，而且用户每输入一个字符服务器都会在很短的时间内返回一个新的结果。因此我们可以发现，这种异步处理的方式一般处理的数据量都不大，而且响应速度很快，并不会影响到用户的其他操作。

5.2 AJAX 用法

既然 AJAX 包括了 JavaScript 和 XML，那么它在使用时一定会涉及这两种技术，我们在使用 AJAX 的时候，一般会遵循以下的步骤：

（1）创建 XMLHttpRequest 对象，用于在后台与服务器进行数据交换，也就是进行异步处理所使用的对象。

（2）初始化 XMLHttpRequest 对象，并创建 HTTP 请求。

（3）向服务器发送请求，等待其响应。

（4）获得服务器响应后激发异步调用更新页面中的数据。

从上述步骤我们可以看到，整个过程的核心部分就是 XMLHttpRequest，通过这个对象来与服务器进行交互，再通过激发其被绑定的一个异步调用函数来实现对页面的更新。这就是整个 AJAX 技术的核心部分。

5.2.1 创建 XMLHttpRequest 对象

现在几乎所有市面上还在保持更新的浏览器都是支持 XMLHttpRequest 对象的，而且在第 1 章中已经说明本书所有的代码运行环境都是在 Chrome 浏览器中，Chrome 浏览器也是支持 XMLHttpRequest 对象的。但是在这里要说明的是，IE 5 和 IE 6 浏览器对其是不支持的，它们使用 ActiveXObject 来实现 AJAX。因此为了照顾还在使用这两个版本的浏览器的用户，在声明 XMLHttpRequset 对象时通常使用以下语句：

```
var xmlhttp;

if(window.XMLHttpRequest)
{
    //当浏览器支持XMLHttpRequset时
    xmlhttp = new XMLHttpRequest();
}
else
{
    //针对 IE 5 和 IE 6 用户
    xmlhttp = new ActiveXObject("Microsoft.XMLHTTP");
}
```

通过以上语句就可以成功创建一个 XMLHttpRequset 对象了，这段代码基本在所有的 AJAX 应用中都会用到，一般除了变量名称会不同之外，其余的语句基本不会改变，这段代码可以算是 AJAX 应用的开始。

5.2.2 为 XMLHttpRequest 绑定函数

在创建了 XMLHttpRequest 对象后，需要对其进行初始化来完成后续的工作，对 XMLHttpRequest 的初始化就是为它绑定一个函数，在获得服务器响应后执行的函数。当 XMLHttpRequest 对象获得服务器响应后，它的 readyState 属性值会被改变，readyState 属性的值分别代表了以下种情况。

（1）0：XMLHttpRequset 对象还未被初始化。

（2）1：XMLHttpRequset 对象与服务器的连接已经建立。

（3）2：XMLHttpRequest 对象已发送请求。

（4）3：XMLHttpRequset 对象等待服务器返回请求。

（5）4：XMLHttpRequest 对象已接收到响应。

根据上述的几种情况可以看出，当服务器返回的响应被 XMLHttpRequest 对象接收时，其 readyState 属性的值会从 3 变为 4。当 XMLHttpRequest 的 readyState 属性的值发生变化时，就会触发 onreadystatechange 事件。因此，为 XMLHttpRequest 对象绑定函数实际上就是为 onreadystatechange 属性添加一个函数，当服务器响应被接收时就会调用这个函数。而 XMLHttpRequest 的另一个属性 status 则是描述了代表了服务器的状态，status 属性的值分别代表了以下几种情况。

（1）0：无法理解 HTTP 状态.

（2）200：服务器成功返回数据。

（3）404：未找到页面。

（4）503：服务器响应超时。

根据上述的几种情况可以看出，当 status 的值为 200 时说明成功地返回了数据，而当 status 的值为 404 或者 503 时则说明没有数据被返回。当 status 的值为 0 时是一个特殊的情况，表示无法连接 HTTP 状态，一般当请求的服务器内容为本地文件时会出现这种状态，因为本地的文件并不是通过 HTTP 协议来传输的。

因此为 XMLHttpRequest 绑定函数的具体写法如下：

```
//首先声明一个XMLHttpRequest对象
var xmlhttp;

if(window.XMLHttpRequest)
{
    //当浏览器支持XMLHttpRequset时
    xmlhttp = new XMLHttpRequest();
}
else
{
    //针对 IE 5 和 IE 6 用户
    xmlhttp = new ActiveXObject("Microsoft.XMLHTTP");
}

//定义一个函数

function callThisFunction()
{
    //只有当readyState的值为4且status的值为200的时候才执行命令
    if(xmlhttp.readyState == 4&&xmlhttp.status == 200)

    //当使用本地文件作为服务端时，statue为0
    //if(xmlhttp.readyState == 4&& (xmlhttp.status == 200 || xmlhttp.status
      == 0))
    {
        //函数主体部分
    }

    /*
    也可以用下面的写法
    if(xmlhttp.readyState == 4)
    {
        if(xmlhttp.status == 200 || xmlhttp.status == 0)
        {
            函数主体部分
        }
    }
    /*
}

//为xmlhttp绑定函数

xmlhttp.onreadystatechange = callThisFunction();
```

这样我们就为 xmlhttp 绑定了一个名为 callThisFunction 的函数，当服务器响应被接收后就会自动调用这个函数，在这个函数中，用 if 条件语句来判断 readyState 属性的值和 status 的值，只有当它们的值都满足要求时才能证明已经接收到响应，然后执行其代码块中的内容，这样就可以实现页面局部更新的效果。

5.2.3 发送 HTTP 请求

当为 XMLHttpRequest 绑定函数后就要对其进行初始化并发送 HTTP 请求，我们首先需要使用 XMLHttpRequest 的 open()方法来初始化这个请求，open( )方法的写法如下：

```
xmlhttp.open(method, URL, async, [username], [password]);
```

上面的代码中，method 代表了发送请求的类型，包括 get、post、head、put 和 delete 5 种，其中我们一般经常用到的只有 get 和 post 两个；URL 表示服务器上文件的地址，本地服务器的话就是文件所在的路径；async 的值是布尔类型，true 代表使用异步方式提交 HTTP 请求，false 则代表用同步的方式（同步的 XHR 已经被废弃，所以不要使用）。既然 AJAX 叫做异步的 JavaScript 和 XML，通常情况下都是使用异步的方式来发送请求的，不过有时当数据量很小的时候也有使用同步的情况，因此这个参数一般都为 true；当服务器需要身份验证时需要用到后面两个参数来验证身份，用“[]”将它们括起来的原因是这两个参数为可选参数，如果服务器不需要验证时可以省略不写。

初始化成功后就要向服务器发送 HTTP 请求了，发送请求需要使用 XMLHttpRequest 的 send( )方法，send()方法的写法如下：

```
xmlhttp.send([data]);
```

其中 data 是向服务器传输的参数，其格式与在 URL 中传递参数的格式相同。其中 get 和 post 发送请求的语句是有一些区别的。两种请求类型本身也存在一些区别，总体来说 get 比 post 更简单更便捷一些，大部分情况下两者的作用是相同的，但在以下几种情况中 get 不能很好地完成任务，只能使用 post 类型的请求：

（1）无法使用缓存文件（更新服务器上的文件或数据库）。

（2）发送的数据量比较大时。

（3）发送的内容有未知字符时，尽量使用 post，相比 get 更加稳定。

简单的请求类型的写法如下：

```
xmlhttp.open("get/post", "server address", true);
xmlhttp.send();
```

当用 get 请求发送数据时：

```
xmlhttp.open("get", "sever address ", true);
xmlhttp.send("parameter1=value1&parameter=value2");
```

或者向 URL 中添加参数:

```
xmlhttp.open("get", "sever address?parameter1=value1&parameter=value2", true);
xmlhttp.send();
```

但是第一种写法在有些浏览器中会被自动转成 post 请求发送，在 get 请求中我们建议第二种写法，而且第二种写法也更常用。

当用 post 请求发送数据时，需要使用 setRequestHeader( )来添加 HTTP 头，然后把参数写在 send( )方法中，例如：

```
xmlhttp.open("post", "sever address ", true);
xmlhttp.setRequestHeader("Content-type","application/x-www-form-urlencoded");
xmlhttp.send("parameter1=value1&parameter=value2");
```

5.2.4 服务器响应

在我们发送完请求后，如果服务器处理成功就会响应，然后就会执行我们为 XMLHttpRequest 绑定的函数。如果需要使用服务器返回的数据时，就需要使用 XMLHttpRequest 对象的 responseText 属性和 responseXML 属性，其中 responseText 属性是字符串类型，是当不返回 XML 形式的数据时采用的返回类型，用法如下：

```
var reStr = xmlhttp.responsetText;
console.log(reStr);
```

reponseXML 是服务器返回的 XML 形式的数据，因此我们需要使用 XML 的解析方法来解析这个属性返回的数据，例如：

```
var reXML = xmlhttp.responseXML;
var XMLArr = reXML.getElementsByTagName("username");

for(var i = 0; i < XMLArr.length; i++)
{
    console.log(XMLArr[i]);
}
```

5.3 AJAX 实 例

5.3.1 AJAX 实例一：搜索建议

我们在 5.1 节中介绍了 AJAX 最常见的应用场景就是在搜索框中出现的建议列表，而且当时也确实是 Google 通过 Google Suggest 让 AJAX 流行起来的。因此我们第一个实例就向大家介绍这个搜索建议是如何一步步实现的。

首先，我们创建一个含有输入框的页面，为输入框绑定一个输入事件，并在下面创建一个<p>用于显示搜索建议结果：

```
<html>
<head>
<meta charset="utf-8">
</head>
<body>
<p>搜索框：</p>
<input type="text" id="textbox" onkeyup="listSuggestion()" >
<p id = "showSuggestion"></p>
</body>
    </html>
```

页面内容如图 5.1 所示。

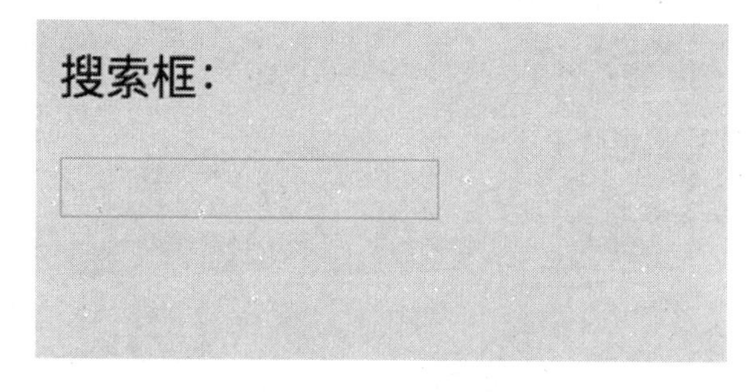

图 5.1　页面效果 5.1

然后我们为 listSuggestion()事件编写 JavaScript 代码，具体代码如下：

```
<script>
    var xmlhttp;
//创建XMLHttpRequest对象
function creatXMLHttp(){
if(window.XMLHttpRequest)
{
        //当浏览器支持XMLHttpRequset时
        xmlhttp = new XMLHttpRequest();
    }
    else
{
        //针对 IE 5和 IE 6 用户
        xmlhttp = new ActiveXObject("Microsoft.XMLHTTP");
    }
}

function listSuggestion(){
creatXMLHttp();
if(xmlhttp!=null)
{
//为xmlhttp对象绑定函数
xmlhttp.onreadystatechange = updateList;
//获取输入的值
var keywords = document.getElementById("textbox").value;

//创建异步get请求并发送keywords参数
xmlhttp.open("get", "http://localhost:3000?keywords="+keywords, true);
xmlhttp.send();
}
else{
alert("Error!");
    }
    }
</script>
```

编写好了 listSuggestion( )之后，就要为我们绑定的 updataList( )函数编写其获取数据后需要进行的数据更新操作：

```
<script>
//获取响应后更新数据
function updateList(){
```

```
        //先判断服务器是否成功返回数据
    if(xmlhttp.readyState == 4)
            {
                if(xmlhttp.status == 200 || xmlhttp.status == 0)
                {
    //将服务器返回的数据写入<p>中
    document.getElementById("showSuggestion").innerHTML =
    xmlhttp.responseText;
                }
            }

    }
    <script>
```

这是网页的 JavaScript 代码，在服务器端我们需要对 HTTP 请求进行监听，并作出响应。因为本书只探讨前端的 JavaScript 技术，并不涉及服务端内容，因此这里只把服务端的代码展示出来，并不作为讲述内容，仅供参考。

既然本书讲述的是 JavaScript 这门语言，我们的服务端也是同样使用 JavaScript 语言写 Node.js 技术作为服务端。同样地，其他语言的服务端例如：PHP，JSP，ASP 等也可以进行相同的响应，只是具体写法有些不同。具体的 Node.js 代码如下：

```
//创建HTTP服务器
var http = require('http');
var server = http.createServer(function(req,res){

    //获取请求的URL
var str = req.url;
//获取参数
    str = req.url.split('=');
var keywords = str[1];

    //设置相应的Header
res.setHeader("Access-Control-Allow-Origin","*");

if(keywords == "j" || keywords == "ja" || keywords == "java")
{
        //返回数据
res.write("javascript修炼秘籍");
}
res.end();
});

//监听3000端口
server.listen(3000, "localhost", function(){
console.log("开始监听");
});
```

根据上面的 Node.js 代码我们可以了解到，当我们在输入框中输入“j”或者“ja”或者“java”时，服务器会返回“javascript 修炼秘籍”这一字符串，也就会显示在我们之前设定的<p>的位置，效果如图 5.2 所示。

搜索建议的大体流程就是我们在本节前面介绍的，我们可以通过使用更多的 HTML 元素来显示出更好的效果。这里只是为展示 AJAX 在搜索建议方面的用法，效果就比较粗糙一些，在服务端也可以增加更多的逻辑来返回更好更准确的内容。

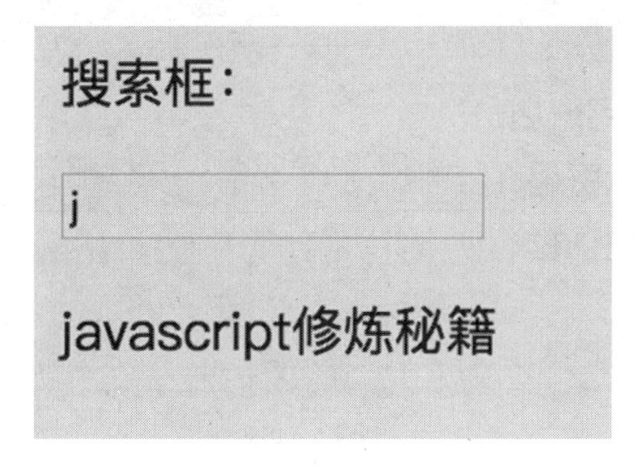

图 5.2　页面效果 5.2

5.3.2　AJAX 实例二：用户名查重

我们在 5.1 节中提到过在用户注册过程中的用户名查重也是一个经典的 AJAX 使用场景，因此我们的第二个实例就是向大家介绍用户名查重是如何实现的。

首先和实例一一样我们需要模拟一个简单的注册界面，里面主要包含几个输入框，为用户名的输入框绑定一个失去焦点函数，用一个 span 来显示服务端返回的数据：

```
<html>
<head>
<meta charset="utf-8">
</head>
<body>
<p>注册页面：</p>
<form>
<table>
<tr>
<th>用户名:</th>
<th><input type="text" id="username" onblur="checkUsername()" ></th>
<th><span id="checkResult"></span></th>
</tr>
<tr>
<th>密码:</th>
<th><input type="password" id="password"></th>
</tr>
<tr>
<th>确认密码:</th>
<th><input type="password" id="confirmPwd" ></th>
</tr>
</table>
    <input type="submit" value = "注册" id="subSign" disabled = true>
</form>
</body>
</html>
```

页面内容如图 5.3 所示。

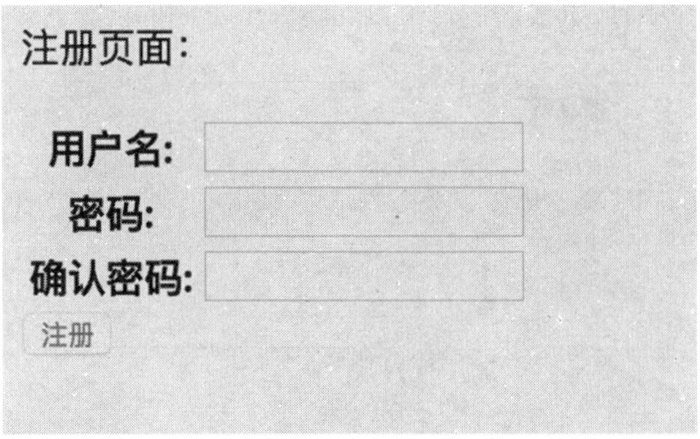

图 5.3　页面效果 5.3

然后我们为 checkUsername()方法编写具体代码，具体代码如下：

```
<script>
var xmlhttp;
// 创建XMLHttpRequest对象
function creatXMLHttp(){
if(window.XMLHttpRequest)
{
    //当浏览器支持XMLHttpRequset时
    xmlhttp = new XMLHttpRequest();
}
else
{
    //针对 IE 5 和 IE 6 用户
    xmlhttp = new ActiveXObject("Microsoft.XMLHTTP");
}
}

function checkUsername(){
creatXMLHttp();
    if(xmlhttp!=null)
{
        //为xmlhttp对象绑定函数
        xmlhttp.onreadystatechange = checkOnSever;
        //获取输入的值
        var username = document.getElementById("username").value;

//创建异步get请求并发送username参数
        xmlhttp.open("get", "http://localhost:3000?username="+username, true);
xmlhttp.send();
      }
    else{
alert("Error!");
    }
}
</script>
```

编写好了 checkUsername( )之后，就要为我们绑定的 checkOnServer( )函数编写其获取数据后需要进行的数据更新操作：

```
<script>
//获取响应后更新数据
function checkOnSever(){
//先判断服务器是否成功返回数据
if(xmlhttp.readyState == 4)
    {
        if(xmlhttp.status == 200 || xmlhttp.status == 0)
        {
//将服务器返回的数据判断是否重名
if(xmlhttp.responseText == "isExist")
{
//重名时显示提示
document.getElementById("checkResult").innerHTML = "用户名已存在";
}
else if(xmlhttp.responseText == "usable")
{
//不重名时显示提示并让注册按钮可用
document.getElementById("checkResult").innerHTML = "用户名可用";
document.getElementById("subSign").disabled = false;
}

        }
    }
}
</script>
```

这是网页的 JavaScript 代码，在服务器端我们需要对 HTTP 请求进行监听，并作出响应。因为本书只探讨前端的 JavaScript 技术，并不涉及服务端内容，因此这里只把服务端的代码展示出来，并不作为讲述内容，仅供参考。

既然本书讲述的是 JavaScript 这门语言，我们的服务端也同样使用 JavaScript 语言写 Node.js 技术作为服务端。同样地，其他语言的服务端例如：PHP，JSP，ASP 等也可以进行相同的响应，只是具体写法有些不同。具体的 Node.js 代码如下：

```
var http = require('http');
var server = http.createServer(function(req,res){
var str = req.url;
str = req.url.split('=');
var username = str[1];
res.setHeader("Access-Control-Allow-Origin","*");

if(username == "abc" || username == "cde" || username == "qwe")
{
res.write("isExist");
}
else{
res.write("usable");
}
res.end();
});

server.listen(3000, "localhost", function(){
console.log("开始监听");
});
```

根据上面的 Node.js 代码我们可以了解到，当用户名是“abc”“cde”或者“qwe”时，服务器会返回“isExist”，这一字符串代表用户名已经存在；而当用户名是其他字符串时返回“usable”，代表用户名可用。当用户名不可用时，页面中将会出现提示，“注册”按钮也会保持不可用状态，如图 5.4 所示。

图 5.4　页面效果 5.4

而当我们输入的用户名为其他值时，页面中将会出现“用户名可用”的提示，而且此时“注册”按钮变为可用，如图 5.5 所示。

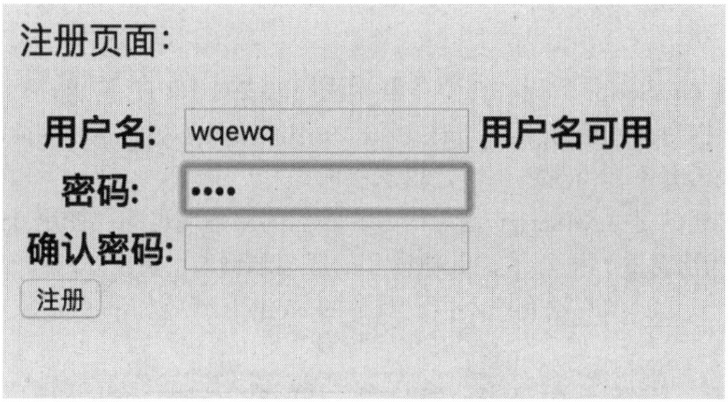

图 5.5　页面效果 5.5

在我们输出注册信息的过程中，输入完用户名后是不需要等待服务器响应的，可以继续输入密码等填写项。即使服务器响应速度很慢，用户的注册过程也不会受到影响。这就是 AJAX 带来的便利。用户名查重的大体流程就是我们在本节前面介绍的。在服务端通常是把前端发送的用户名放到数据库中查询来返回结果，我们只是为了展示这个过程，因此使用了比较简单的判断方法，整体的逻辑都是一样的。

小　　结

本章主要介绍了 AJAX 的使用方法，并通过两个实际应用场景给出了示例项目。读者可以根据示例代码了解 AJAX 的工作流程和使用方法。由于 AJAX 和服务端是存在交互的，因此读者在学习此章节时应了解网站服务端的工作原理。

习　题

1. 使用 XMLHttpRequest 实例正确接收到服务器状态码为 200 的响应，并将响应正文类型转换完后，XMLHttpRequest 实例的 status 为______，readyState 为_____。

2. 判断下列说法的正误。

（1）XMLHttpRequest 实例的 open 方法参数为(method, url , [username], [password])，当传入 async 为 true 时，send 方法调用后浏览器不再响应任何事件，一直到接收到服务器响应并转换完数据。

（2）设置请求头域可以使用 setRequestHeader 方法。

（3）setRequestHeader 方法可以设置 Cookie 头域。

3. 使用 XMLHttpRequest 编写一个登录页面，用户名长度要求为 4～20 个字符（以字符串的 length 属性计算长度），符合长度限制才可以发送 POST 请求。当用户名为 admin、密码为 123456 时，服务端响应 success，此时客户端弹窗显示“登录成功”；否则服务端响应 fail，此时客户端弹窗显示“登录失败”。

4. 通过在 send 调用之前写入 XMLHttpRequest 实例的 responseType 属性，可以使在 readyState 从 3 到 4 的变更时期内对响应正文进行 responseType 规定的反序列化处理。例如设置 responseType 为 blob,那么在 readyState 为 4 且没有发生错误时，response 属性为一个 Blob 实例。

已知 responseType 在笔者写作时支持的类型有 arraybuffer、blob、document、json、text，依次实验 responseType 取各个值时，在控制台输出 response 的结果。

5. AJAX 过程中，请求数据最终成为字符串，出现在 URL 中和请求正文内。而服务器认知请求正文的方式，一般都由请求头域设置的 Content-Type 请求头域而定。如果 send 发送的是一段字符串，那么浏览器会默认它是纯文本（text/plain）类型。如果要模仿表单提交的效果，需要覆盖 Content-Type 为 application/x-www-form-urlencoded（如果请求正文字符编码和请求报文其他部分不一致，那么还需要在 Content-Type 里指定请求正文所用的字符编码以便服务端进行识别）。如果需要在 send 参数为字符串时发送非纯文本格式的数据，均通过设置 Content-Type 进行。这些设置类似于使用表单提交时对 form 标签设置 enctype 属性。但 send 参数为其他一些类型时，会有默认的其他 Content-Type 值，从而无须手动设置 xhr.setRequestHeader（'Content-Type', '….'）;。

如 FormData 类型的值默认 Content-Type 为 multipart/form-data，此格式一般用来混合传输键值对和文件。URLSearchParams 类型的值默认 Content-Type 为 application/x-www-form-urlencoded，这是 form 表单默认的格式。Blob 类型的值默认 Content-Type 为 Blob 实例的 type 属性（如果有的话），此类型用于传输单个文件。Document 类型的值默认 Content-Type 为 text/html 或者 text/xml,具体是哪一种视 Document 实例的值而定。

依次实验上述格式请求正文的传输。

第6章 jQuery

本章学习目标

- 了解 jQuery 框架的内容。
- 学习如何在页面中引入 jQuery。
- 学习 jQuery 如何获取页面中元素的方法。
- 熟悉 jQuery 的常用方法。
- 能够把复杂的原生 JavaScript 代码改写成 jQuery 代码。

本章先向读者介绍 jQuery 框架的内容和安装方法，然后讲述如何使用 jQuery 获取页面中的元素以及 jQuery 常用方法的具体使用，并给出示例代码。把之前给出的 JavaScript 代码改写成简短的 jQuery 代码。

6.1 jQuery 概述

6.1.1 jQuery 的简介

简单来说，jQuery 就是一个 JavaScript 的第三方函数库，也是由 JavaScript 编写的。实际上可以认为 JQuery 就是一个 JavaScript 文件，可以在 HTML 页面中引用后使用，这个文件中有大量的函数可以直接调用，这些函数普遍的特点就是简短且功能强大，在 jQuery 的官方网站中对 jQuery 的宣传标语就是“wirteless, do more.”（用更少的代码，做更多的事情）。

我们在平时编写 JavaScript 代码时，如果需要获取页面中的某个元素并修改其属性，往往需要写很长的代码，例如：document.getElementById("id").innerHTML="text"，实际上这么长的代码只是为了修改一个元素的文本内容。jQuery 能够使我们节省很多字符来实现相同的功能。尤其是对于在 JavaScript 编程中经常能够使用到的代码段，jQuery 都能用一个方法直接替代冗长又经常重复出现的 JavaScript 代码。

除了能够节省代码量以外，jQuery 中还提供了很多很强大的功能函数，例如我们在第 3 章中提到的 JavaScript 动画效果。在 jQuery 中有方法专门用来实现这部分功能，既能够节省代码量又不用再去绞尽脑汁想某些功能的实现方法。

6.1.2 jQuery 的安装

既然 jQuery 实际上只是一个 JavaScript 文件，因此只要将其文件下载以后，在 HTML 页面中使用<script>的 src 属性引用就可以了。jQuery 的文件已在 jQuery 官网（jQuery.com）

中下载，在下载时网站中提供了两个版本。

（1）Production jQuery：实际使用版本，这个版本的文件经过了压缩和精简，一般用于已经上线的网站中。

（2）Development jQuery：开发过程中使用的版本，这个版本的文件中的代码没有经过压缩，是可读的。

在学习阶段，推荐读者下载 Development 版本，对于不了解的方法，可以直接阅读其文件中的源代码来学习。

下载后的jQuery文件，一般文件名为jQuery-版本号.js，笔者目前使用的版本号为3.3.1，因此笔者的 jQuery 文件的文件名为 jQuery-3.3.1.js。将 JavaScript 文件下载到本地后，就可以在 HTML 页面中直接引用了，例如：

```
<script src="jQuery-3.3.1.js"></script>
```

然后就可以在该HTML文件的JavaScript代码中调用jQuery的方法了，需要注意的是，src 属性指的是相对于当前目录的文件，如果 jQuery 文件不在 HTML 的当前目录，还需要在前面添加路径才能引用。

除了将 jQuery 文件下载到本地外，还可以通过 CDN（Content Delivery Network）内容分发网络来获取，例如，在 HTML 页面中通过 Google CDN 来获取 jQuery 文件：

```
<script src="http://ajax.googleapis.com/ajax/libs/jQuery/3.3.1/jQuery.min.js">
```

但是在学习过程中，不推荐这么做，因为使用这种方式获取的 jQuery 不能直接查看 JQuery 代码。

6.2 jQuery 操作元素

6.2.1 jQuery 获取元素

使用 DOM 在 HTML 页面获取元素每次都需要使用 document 对象和其中查找元素的方法名，而这些方法名往往很长而且重复性很强。在 jQuery 中定义了一个很简洁的函数：

```
$(选择器)
```

通过这个简单的“$”符号表示的函数就可以获取 HTML 中的元素，而且其中包含 DOM 中多种获取元素的方式。其中选择器代表了获取元素的方式，其原理类似于 CSS 代码中获取元素的方式，选择器有以下三种情况。

（1）元素选择器：选择器中直接写入元素标签名，例如$("div")为获取所有页面中的<div>元素，以数组形式返回，顺序为元素在页面中的出现顺序，效果相当于 document.getElementsByTagName("div")，具体代码如下：

```
<!DOCTYPE html>
<html>
<head>
    <meta charset="UTF-8">
    <title>element selector</title>
```

```
    <script src="http://ajax.googleapis.com/ajax/libs/jQuery/3.3.1/jQuery.
    min.js"></script>
</head>

<body>
    <div id="div1">div1</div>
    <div id="div2">div2</div>
    <div id="div2">div3</div>
</body>
<script>
    console.log($("div"));
    console.log($("div")[0]);
    console.log(document.getElementsByTagName("div"));
    console.log(document.getElementsByTagName("div")[0]);
</script>
</html>
```


输出如图 6.1 所示。

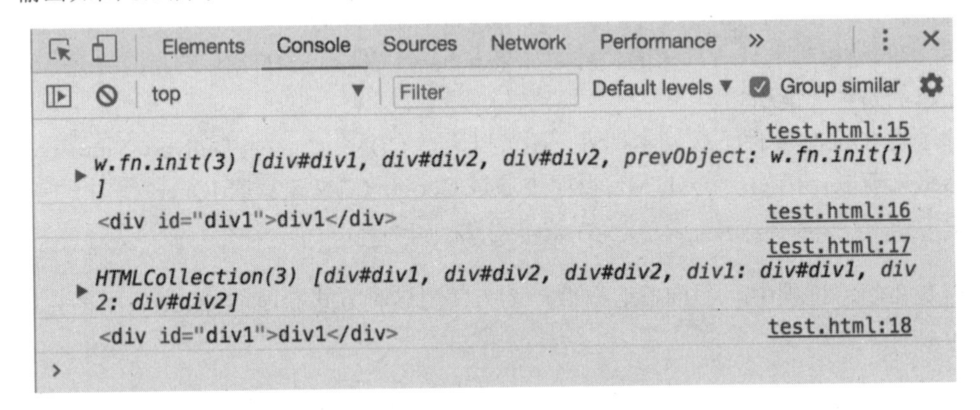

图 6.1　样例输出 6.1

（2）id 选择器：通过元素的 id 来获取 HTML 文件中的元素，写法是在 id 前加“#”符号，类似于 CSS 选择 id 添加 CSS 样式的方法。例如：$("#testId")就是选择元素 id 等于“testId”的元素，效果相当于 document.getElementById("testId")，具体代码如下：

```
<!DOCTYPE html>
    <html>
    <head>
        <meta charset="UTF-8">
        <title>id selector</title>
        <script src="http://ajax.googleapis.com/ajax/libs/jQuery/3.3.1/
        jQuery.min.js"></script>
    </head>

    <body>
        <div id="div1">div1</div>
        <div id="div2">div2</div>
    </body>
    <script>
        console.log($("#div1"));
        console.log($("#div2"));
        console.log(document.getElementById("div1"));
        console.log(document.getElementById("div2"));
```

```
</script>
</html>
```

输出如图 6.2 所示。

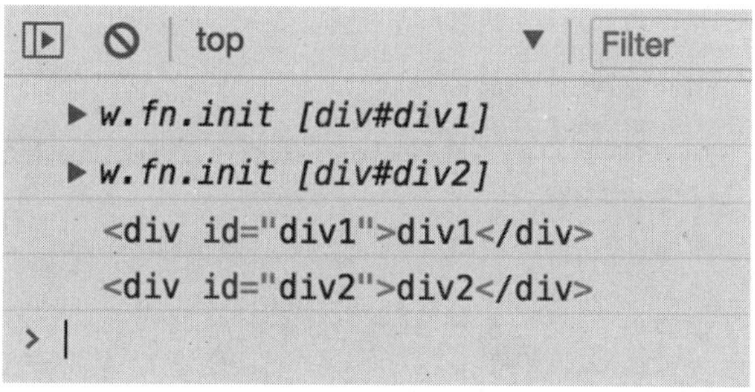

```
▶ w.fn.init [div#div1]
▶ w.fn.init [div#div2]
  <div id="div1">div1</div>
  <div id="div2">div2</div>
>
```

图 6.2　样例输出 6.2

（3）类名选择器：通过元素的 class 属性来获取 HTML 文档中所有具有指定 class 属性的元素，以数组形式返回，顺序为元素在页面中的出现顺序，写法是在 class 前加“.”符号，与 CSS 的 class 选择器类似。例如$(".testClass")就是选择所有 class 属性为“testClass”的元素，效果相当于 document.getElementsByClassName("testClass")，具体代码如下：

```
<!DOCTYPE html>
    <html>
    <head>
        <meta charset="UTF-8">
        <title>id selector</title>
        <script src="http://ajax.googleapis.com/ajax/libs/jQuery/3.3.1/
        jQuery.min.js"></script>
    </head>

    <body>
        <div class="testClass">div1</div>
        <p class="testClass">p1</p>>
    </body>
    <script>
        console.log($(".testClass"));
        console.log($(".testClass")[1]);
        console.log(g);
        console.log(document.getElementsByClassName("testClass")[1]);
    </script>
    </html>
```

输出如图 6.3 所示。

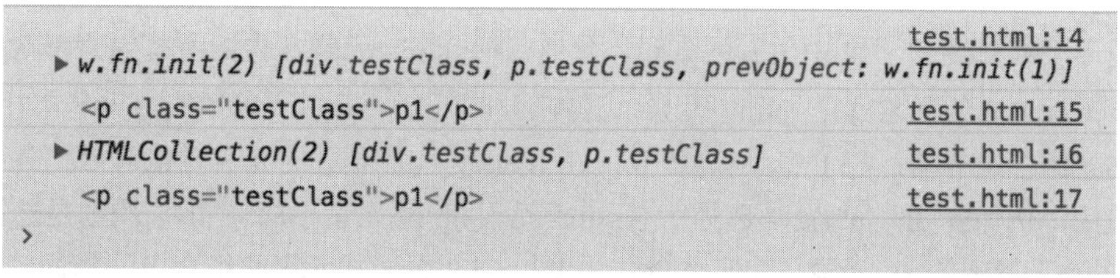

```
                                                              test.html:14
▶ w.fn.init(2) [div.testClass, p.testClass, prevObject: w.fn.init(1)]
  <p class="testClass">p1</p>                                 test.html:15
▶ HTMLCollection(2) [div.testClass, p.testClass]              test.html:16
  <p class="testClass">p1</p>                                 test.html:17
>
```

图 6.3　样例输出 6.3

（4）所有元素选择器：能够选择页面中所有元素，写法是$("*")，顺序为元素在页面中的出现顺序，具体代码如下：

```
<!DOCTYPE html>
    <html>
    <head>
        <meta charset="UTF-8">
        <title>css selector</title>
       <script src="http://ajax.googleapis.com/ajax/libs/jQuery/3.3.1/jQuery.
        min.js"></script>
    </head>

    <body>
        <div class="testClass">div1</div>
        <p class="testClass">p1</p>
        <h1 id="h1"></h1>
    </body>
    <script>
        console.log($("*"));
        console.log($("*")[8]);
        console.log($("*")[0]);
        console.log(document);
    </script>
    </html>
```

输出如图 6.4 所示。

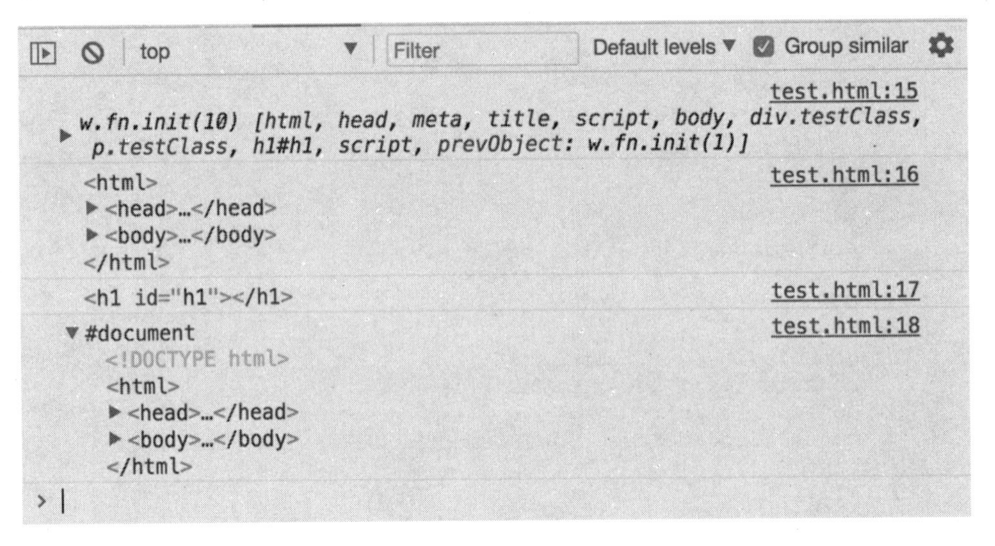

图 6.4　样例输出 6.4

使用“*”来选择页面中所有元素时，会把包括<html>元素在内的所有元素都选择，其中元素下标为 0 的元素就是<html>元素，其内容和 document 中所包括的内容基本相同。

（5）组合选择器：与 CSS 代码相似，在 jQuery 选择获取的元素时也可以把各种条件组合使用。例如$("div, p")就是选择所有<div>元素和<p>元素，而$("div>p")则是选择所有位于<div>元素中的<p>元素，其他组合方法也与 CSS 中选择元素的组合方法相同，具体代码如下：

```
<!DOCTYPE html>
<html>
<head>
    <meta charset="UTF-8">
    <title>all selector</title>
    <script src="http://ajax.googleapis.com/ajax/libs/jQuery/3.3.1/jQuery.
    min.js"></script>
</head>

<body>
    <div>
        <p>p1</p>
    </div>
    <p>p2</p>
</body>
<script>
    console.log($("div, p"));
    console.log($("div>p"));
</script>
</html>
```

输出如图 6.5 所示。

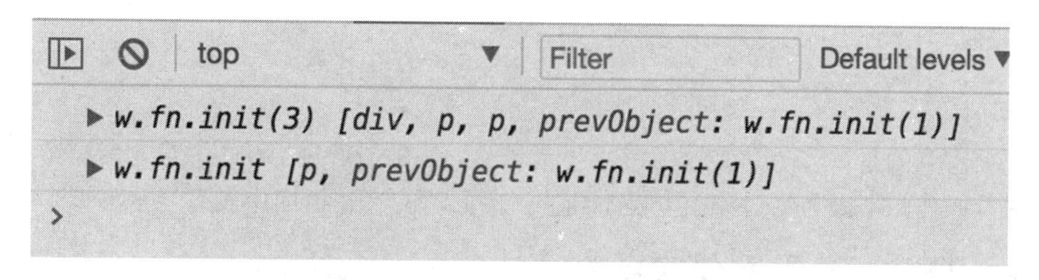

图 6.5　样例输出 6.5

6.2.2　jQuery 获取和修改文本内容

在 DOM 中，我们在获取了元素后可以对其文本内容进行访问和修改，使用的方法是访问和修改元素的 innerHTML 属性。在 jQuery 中修改元素的文本内容是通过元素的 html("文本内容")方法来实现的，当 html 方法的参数为缺省状态时，则是获取其文本内容，具体代码如下：

```
<!DOCTYPE html>
<html>
<head>
    <meta charset="UTF-8">
    <title>changeText</title>
    <script src="http://ajax.googleapis.com/ajax/libs/jQuery/3.3.1/jQuery. min.js">
    </script>
</head>

<body>
    <p id="p1"></p>
    <p id="p2"></p>
    <p id="p3"></p>
    <p id="p4"></p>
```

```
</body>
<script>
    document.getElementById("p1").innerHTML="我是p1";
    $("#p2").html("我是p2");
    //错误用法
    $("#p3").innerHTML = "我是p3";
    $("#p4").html($("#p2").html());
</script>
</html>
```

页面效果如图 6.6 所示。

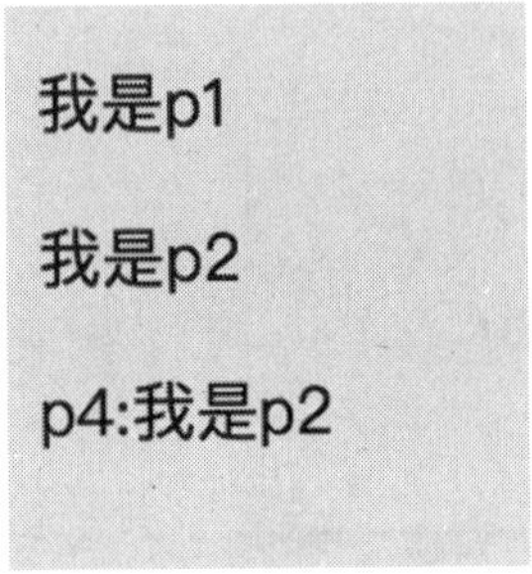

我是p1

我是p2

p4:我是p2

图 6.6　页面效果 6.6

需要注意的是，当使用 JQuery 获取了元素后，是不能通过 DOM 中对元素操作的方法对其进行操作的，因为其对象类型是不同的，因此“p3”在页面中没有显示出来。

6.2.3　jQuery 获取和修改元素属性

在 DOM 中，我们在获取了元素后可以对其属性进行访问修改，而在 jQuery 中修改元素的属性是通过使用元素的 attr("属性名", "属性值")方法来实现的。当 attr("属性名")方法只包含一个属性名参数时，则是获取其属性值，具体代码如下：

```
<!DOCTYPE html>
<html>
<head>
    <meta charset="UTF-8">
    <title>changtAttr</title>
    <script src="http://ajax.googleapis.com/ajax/libs/jQuery/3.3.1/jQuery.min.js">
    </script>
</head>

<body>
    <p id="p1" name="p1"></p>
    <p id="p2" style="font-size: 20px"></p>
    <p id="p3"></p>
</body>
<script>
    console.log(document.getElementById("p1").getAttribute("name"));
    document.getElementById("p2").setAttribute("name","p2");

    console.log($("#p2").attr("style"));
```

```
    console.log($("#p2").attr("name"));

    $("#p3").attr("name","p3");
    console.log(document.getElementById("p3").getAttribute("name"));
</script>
</html>
```

输出如图 6.7 所示。

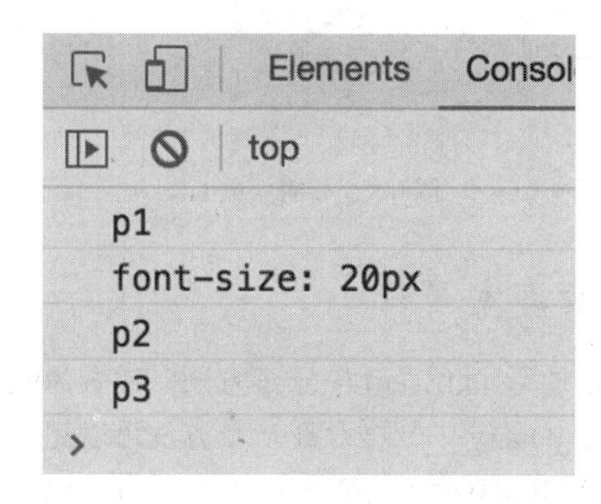

图 6.7　样例输出 6.7

6.2.4　jQuery 修改元素 CSS 样式

我们利用 DOM 可以在获取元素后对其 CSS 样式进行访问和修改，这个功能同样在 jQuery 中存在，而且依然保持着用较短的代码就可以实现的特点。在 jQuery 中修改元素的 CSS 样式是通过使用元素的 css("样式名", "样式值")来实现的，当 css("样式名")方法只包含一个参数时，则是获取该 css 样式值，具体代码如下：

```
<!DOCTYPE html>
<html>
<head>
    <meta charset="UTF-8">
    <title>changeCSS</title>
    <script  src="http://ajax.googleapis.com/ajax/libs/jQuery/3.3.1/jQuery.min.js">
    </script>
</head>

<body>
    <p>默认样式段落</p>
    <p id="p1">修改样式段落1</p>
    <p id="p2">修改样式段落2</p>
</body>
<script>
    document.getElementById("p1").style.fontSize = "30px";
    $("#p2").html($("#p1").css("font-size"));
    $("#p2").css("font-size","5px");
</script>
</html>
```

页面效果如图 6.8 所示。

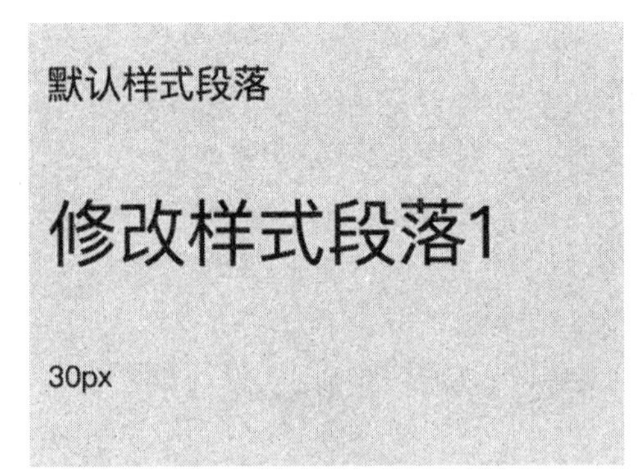

图 6.8　页面效果 6.8

6.2.5　jQuery 为元素绑定事件

在 DOM 中，我们可以使用 addEvenListener 方法，或者为元素的事件属性添加方法，来为元素添加响应事件，在 jQuery 中同样存在一个方法可以完成这个功能，而且方法名也更简洁。例如$("#btn").click(回调函数)，就是为一个 id 为“btn”的<button>元素添加响应事件，具体代码如下：

```
<!DOCTYPE html>
<html>
<head>
    <meta charset="UTF-8">
    <title>Event</title>
    <script src="http://ajax.googleapis.com/ajax/libs/jQuery/3.3.1/jQuery.min.js">
    </script>
</head>

<body>
    <p id="p1"></p>
    <button id="btn">单击我</button>
</body>
<script>
    $("#btn").click(function(){
        $("#p1").html("单击后出现字段");
    });
</script>
</html>
```

单击按钮后页面效果如图 6.9 所示。

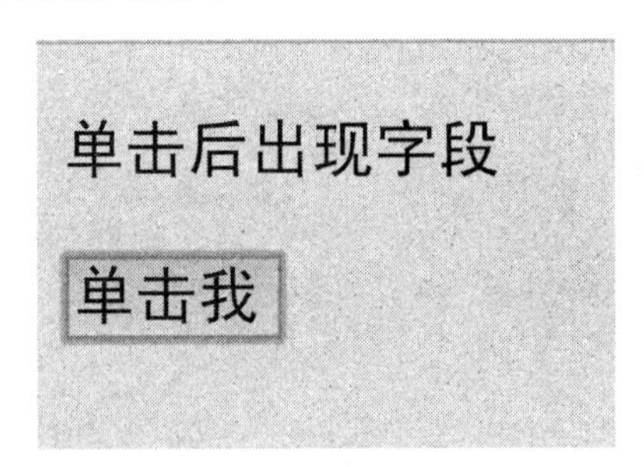

图 6.9　页面效果 6.9

在 jQuery 中，事件的类型和原生的 JavaScript 是相同的，在使用的时候事件类型前不需要加“on”，这点和 addEvenListener 方法相同。

6.3 jQuery 页面效果

6.3.1 隐藏/显示元素

在不使用 jQuery 的情况下，如果我们想要隐藏某个元素，需要修改元素的 CSS 样式中的“display”属性，显得十分繁琐，而在 jQuery 中定义了两个方法 hide()和 show()能够非常方便地隐藏或者显示元素，具体用法如下：

```
<!DOCTYPE html>
<html>
<head>
    <meta charset="UTF-8">
    <title>hide/show</title>
    <script src="http://ajax.googleapis.com/ajax/libs/jQuery/3.3.1/jQuery.min.js">
    </script>
</head>

<body>
    <p id="p1" style="display: none">p1</p>
    <p id="p2">p2</p>
</body>
<script>
    $("#p1").show();
    $("#p2").hide();
</script>
</html>
```

页面效果如图 6.10 所示。

其中在 HTML 页面中原本应该隐藏的 p1 由于 show 方法显示了出来，而本应显示的 p2 则因为 hide()方法的缘故隐藏了起来。

图 6.10 页面效果 6.10

6.3.2 渐入/淡出效果

在 6.3.1 节中，我们介绍了如何使用 jQuery 来隐藏或者显示元素，这种情况只是相当于修改了元素的 CSS 样式。对于 jQuery 提供的 show 和 hide 方法是可以附带参数的，参数为毫秒，如果附带了参数则是在一段时间内完成消失或者显示的过程，具体代码如下：

```
<!DOCTYPE html>
<html>
<head>
    <meta charset="UTF-8">
    <title>hide/show</title>
    <script  src="http://ajax.googleapis.com/ajax/libs/jQuery/3.3.1/jQuery.min.js">
    </script>
</head>

<body>
```

```
        <p id="p">段落中的内容</p>
        <button id="btn">单击我消失/显示</button>
    </body>
    <script>
        $("#btn").click(function(){

            if($("#p").css("display") == "none")
            {
                $("#p").show(1000);
            }
            else{
                $("#p").hide(1000);
            }
        })
    </script>
    </html>
```

在隐藏的过程中，页面效果如图 6.11 所示。

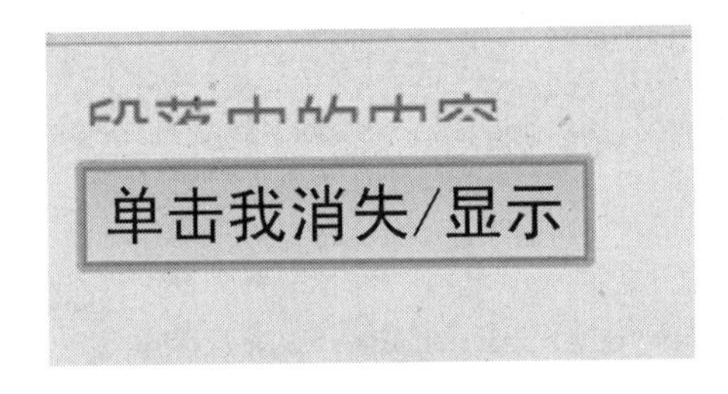

图 6.11　页面效果 6.11

在单击按钮后，<p>元素会渐渐消失或者出现，期间会有 1 秒渐入或淡出过程，而不是直接消失。

6.3.3　jQuery 动画效果

我们在第 3 章中介绍了使用原生的 JavaScript 如何实现动画效果，而在 jQuery 中则直接提供产生动画效果的方法，其原理与我们在第 3 章中介绍的相同，只是不再需要我们编写方法去产生动态效果，直接调用就可以，例如 6.3.2 节中的渐入和淡出效果就是 jQuery 提供的一种动画效果。

jQuery 中提供了自定义动画的方法，其写法为：

```
animate(元素CSS参数, [间隔时间], [回调函数]);
```

元素 CSS 参数指的是目标 CSS 样式，即动画结束时的 CSS 样式，其中元素的 CSS 参数以“{样式名 1:"样式值 1"; 样式名 2:"样式值 2";}”形式给出，例如：{left: "100px"; back-ground: "black"}，时间间隔参数可以省略，代表完成这个动画所需要的时间，间隔越短，速度越快。回调函数给出了在动画结束时的操作方法，也可以省略。用 jQuery 来实现 3.6.1 节中的块元素平移的代码相当简洁，具体如下：

```
<!DOCTYPE html>
<html>
<head>
    <meta charset="UTF-8">
```

```
    <title>MoveDiv</title>
    <script src="http://ajax.googleapis.com/ajax/libs/jQuery/3.3.1/jQuery. min.js">
    </script>
</head>

<body>
    <div id="myDiv" style="width: 100px;height: 100px;background-color:
    black;position: absolute;left: 0">
    </div>
</body>
<script>
    $("#myDiv").animate({left:"100px"},3000, );
</script>
</html>
```

在 JavaScript 代码中只需要一行代码就能实现和 3.6.1 节中相同的效果，当完成动画效果后根据回调函数中的内容，会出现提示框，此时页面效果如图 6.12 所示。

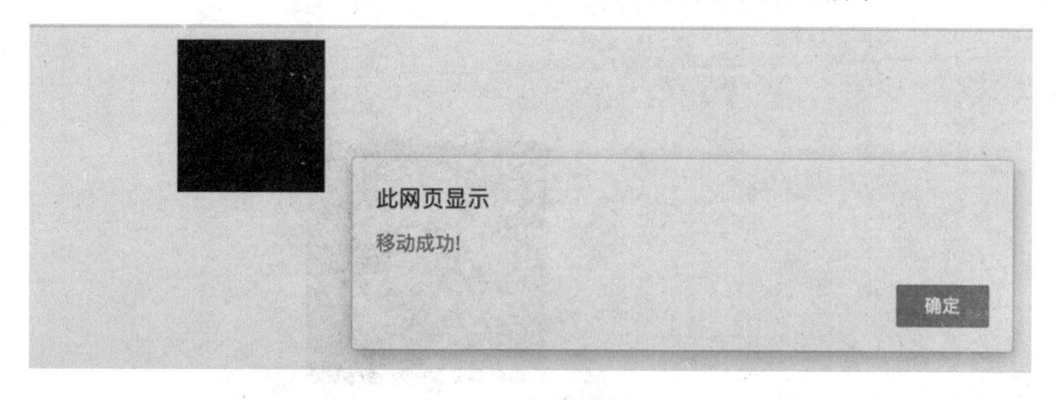

图 6.12　页面效果 6.12

6.3.4　jQuery 组合动画效果

我们在 6.3.3 节中学习了如何使用 jQuery 产生动画效果，如果我们需要其完成一套组合动画流程，例如在块元素向右平移了 100 像素后再向下平移。此时可以通过两种方法实现，一种是在 animate 方法后面再加一个 animate 方法，这样就可以在第一个 animate 结束后直接进入第二个 animate 方法，具体代码如下：

```
<!DOCTYPE html>
<html>
<head>
    <meta charset="UTF-8">
    <title>MoveDiv</title>
    <script src="http://ajax.googleapis.com/ajax/libs/jQuery/3.3.1/jQuery. min.js">
    </script>
</head>

<body>
    <div id="myDiv" style="width: 100px;height: 100px;background-color:
    black;position: absolute;left: 0">
    </div>
</body>
<script>
```

```
    $("#myDiv").animate({left:"100px"},3000).animate({top:"100px"},1000);
</script>
</html>
```


第二种方法通过回调函数来实现，因为在动画结束后会自动调用 animate 的回调函数，因此可以把新的 animate 方法写在回调函数中，具体代码如下：

```
$("#myDiv").animate({left:"100px"},3000,function(){
        $(this).animate({top:"100px"},1000);
});
```

整个动画流程结束后，块元素位置如图 6.13 所示。

图 6.13　页面效果 6.13

6.3.5　jQuery AJAX

在第 5 章中，我们介绍了 AJAX 的用法，但是可以发现，每次在使用 AJAX 时都需要用很多代码去创建和初始化 XMLHttpRequest 对象，而且发送 HTTP 请求和响应也要编写相应的代码，实际上浪费了大量代码在固定的格式上。而实际真正属于开发者自己编写的，只有发送请求的种类、响应函数等内容。因此为了解决每次使用都需要编写大量格式代码的问题，jQuery 提供了一个十分简单且有效的方法来实现 AJAX，使用 jQuery 的$.ajax()方法就可以直接实现 AJAX 的整个过程，其具体写法如下：

```
$.ajax({
    参数1:值1,
    参数2 : 值2,
    ……
    参数n : 值n
});
```

其中包括了一个由“{}”包括的参数集，其中的所有参数都是可选的，参数的详细内容如表 6.1 所示。

表 6.1　jQueryajax 方法参数

参 数 名	值 类 型	参 数 说 明
url	String	发送请求的地址
type	String	发送请求的类型（GET 或 POST），如果缺省默认为 GET
timeout	Number	超时时间
data	String/Object	发送到服务器的数据
dataType	String	服务器预期返回数据类型（xml/html/script/json/jsonp/text）
beforeSend	function	发送请求前修改的 XMLHttpRequest 函数
complete	function	请求完成后的回调函数
success	function	请求成功后的回调函数
error	function	请求失败后的回调函数
global	Boolean	是否触发全局 AJAX 事件，如果缺省默认为 true

这些参数可以在$.ajax()方法中自由组合来实现 AJAX，在实际使用中可以用其替换大量 AJAX 的代码，如果把 5.3.1 节的搜索建议示例用 jQuery 的方法来实现，代码如下：

```
<!DOCTYPE html>
<html>
<head>
    <meta charset="UTF-8">
    <title>jQuery AJAX</title>
    <script src="http://ajax.googleapis.com/ajax/libs/jquery/3.3.1/jquery.min.js">
    </script>
</head>

<body>
    <p>搜索框：</p>
    <input type="text" id="textbox" onkeyup="listSuggestion()">
    <p id="showSuggestion"></p>

</body>
<script>

    function listSuggestion() {
        $.ajax({
            type: "GET",
            url: "http://localhost:3000?keywords=" + $("#textbox").val(),
            success: function(data){
                $("#showSuggestion").html(data);
            }
        })
    }

</script>
</html>
```

页面效果如图 6.14 所示。

其中后端代码和 5.3.1 节中的相同，页面能够呈现和 5.3.1 节中相同的效果，但是只用了很少的代码就成功实现了相同的功能，这就是 jQuery 适用的地方，也是它能够流行的原因。

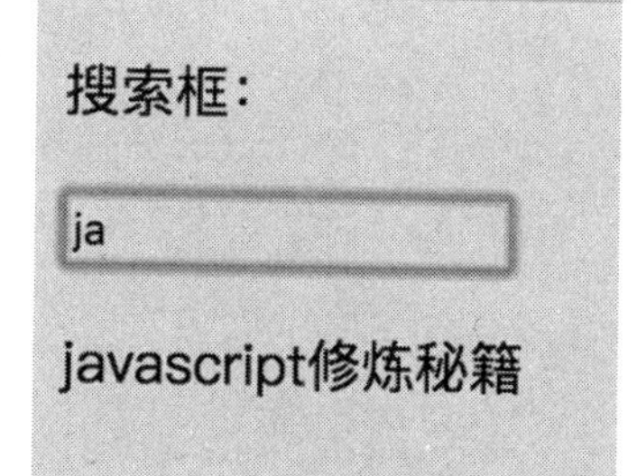

图 6.14　页面效果 6.14

6.3.6 jQuery 实战：用户名查重

jQuery 能够把复杂的代码变简单，也能够实现动画效果，本节以 5.3.2 节中的用户名查重示例为基础，改写成 jQuery 风格的代码。并为其添加动画效果：当出现用户输入错误或不合法时，会提示错误信息，且注册按钮不可获取；当用户名不重复单击注册时，进度条逐渐读取到 100%，并弹出“注册成功”提示框，具体代码如下：

```
<!DOCTYPE html>
<html>

<head>
    <meta charset="UTF-8">
    <title>jQuery AJAX</title>
    <script src="http://ajax.googleapis.com/ajax/libs/jquery/3.3.1/jquery.min.js">
    </script>
</head>

<body>
    <p>注册页面：</p>
    <form onsubmit="return regis()">
        <table>
            <tr>
                <th>用户名:</th>
                <th>
                    <input type="text" id="username" onblur="checkUsername()">
                </th>
                <th>
                    <span id="checkResult"></span>
                </th>
            </tr>
            <tr>
                <th>密码:</th>
                <th>
                    <input type="password" id="password">
                </th>
                <th>
                    <span id="checkPwd"></span>
                </th>
            </tr>
            <tr>
                <th>确认密码:</th>
                <th>
                    <input type="password" id="confirmPwd">
                </th>
                <th>
                    <span id="checkPwd2"></span>
                </th>
            </tr>
        </table>
        <input type="submit" value="注册" id="subSign" disabled=true>
    </form>
    <div style="border: 1px solid #000000;height: 20px;width: 420px">
        <div id="myDiv" style="width: 0;height: 100%;background-color:
        #000000"></div>
    </div>
```

```
</body>
<script>
    function checkUsername() {
        $.ajax({
            type: "GET",
            url: "http://localhost:3000?username=" + $("#username").val(),
            success: function (data) {
                if (data == "isExist") {
                    //重名时显示提示
                    $("#checkResult").html("用户名已存在");

                } else if (data == "usable") {
                    //不重名时显示提示并让"注册"按钮可用
                    $("#checkResult").html("用户名可用");
                    $("#subSign").attr("disabled",false);
                }
            }
        })
    }

    function regis() {
        $("#checkResult").html("");
        $("#checkPwd").html("");
        $("#checkPwd2").html("");
        if ($("#password").val().length < 6) {
            $("#checkPwd").html("密码过短");
        } else if ($("#password").val() != $("#confirmPwd").val()) {
            $("#checkPwd2").html("两次密码输入不符");
        } else {
            $("#myDiv").animate({width:"420px"},3000,function(){
                alert("注册成功！");
            });
        }
        return false; //防止页面刷新
    }
</script>

</html>
```

其中后端代码与 5.3.2 节中相同，当用户输入用户名重复时，用户名输入框失去焦点后页面效果如图 6.15 所示。

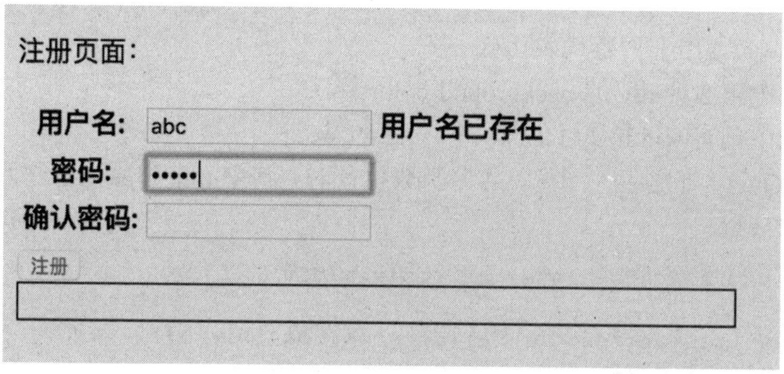

图 6.15　页面效果 6.15

当用户合法输入全部内容后，待进度条读满后，页面效果如图 6.16 所示。

图 6.16　页面效果 6.16

当用户单击注册按钮后，如果输入全部合法，进度条会在 3 秒之内读满，当读满时能够弹出“注册成功”的提示框。

小　　结

本章主要介绍了 jQuery 的特点以及基础语法，jQuery 是目前最流行的前端代码库之一，其提供了十分丰富和强大的功能，本书只对其做了简要的介绍。在实际开发中，如果能够运用好 jQuery 中的内容能够产生事半功倍的效果，对于 jQuery 的其他功能本书没有详细介绍，感兴趣的读者可以尝试对 jQuery 的其他内容进行学习。

习　　题

1. 用来更改标签属性的是下列哪一个 jQuery 链式调用函数？

A. attr　　B. text　　C. html　　D. css

2. $('查询表达式')创建的是 jQuery 实例，而 jQuery 并没有继承自 Array，所以 jQuery 实例并不是数组。那么下列代码会输出什么？为什么？已知文档内有 10 个 div 标签。

```
var a=[],b=$('div');
a[100]=1,b[100]=3;
console.log(a.length,b.length);
```

3. 用 jQuery 写出下列查询表达式。

（1）文档中第 2 个 div 的 background-color 样式。

（2）文档中具有 width 属性的第 6 个 img 的 src。

4. 使用 jQuery 绑定事件回调，回调函数执行时，其中 this 和原生事件回调一样，都是事件传递到的节点。

```
<div class="a"><div class="b"></div></div>
<script>
    $('.a').click(function(e){console.log(this);});
    $('.b').click();
</script>
```

代码输出的是上述 div 中的哪一个？为什么？

5. 链式调用下列哪些方法后，仍能继续调用？

A. keyup

B. hover

C. animate

D. change

E. slideDown

F. toggle

G. each

H. size

I. height

J. text('some text')

K. html()

L. first

6. 不加验证地使用 jQuery 的 html 方法等同于不加验证地使用 DOM 节点的 innerHTML 写访问器，是一件很危险的事情。除非确信传入 html 方法的字符串是安全的而不是由用户生成的，否则如非必要，尽量使用其他方法（如 text）代替 html。试运行下列代码（需要已引入 jQuery）：

```
$('body').html('<script>while(1)alert("xss");</script>');
```

将会出现一个关不掉的弹窗，可以通过关闭标签页或者关闭浏览器来解决。

现有代码如下（需要已引入 jQuery）：

```
<label>姓名:</label><input type="text"  id="username"></input><br>
<div>
    <span id="xss-place"></span>
</div>
<script>
    $('#username').change(function(){
        $('#xss-place').html(this.value);
    });
</script>
```

试在 input 内输入文本，使得页面弹窗显示'xss!'。试在 input 内输入文本使用$.post 给任意站点 POST 一个请求（请在已清空浏览器 cookie 情况下操作）。

这里只是进行一个简单的模拟，往往出现更多的情况下是前端需要将从后端取出的字符串用于界面渲染，对于前端而言一定要注意，有用户参与生成的文本不可以信任，更不能将它直接用于 html 的生成，否则容易出现恶意代码。

7. 使用 jQuery 向本地服务器发送一个 POST 请求，请求正文为 JSON 类型。

8. 通过 jQuery 实现动画，令一个宽、高均为 100px 的蓝色 div 沿一个边长为 300px 的正方形内沿在 10s 内匀速滑动一周。

第7章 JavaScript 实战

本章将介绍如何使用 JavaScript 在页面中实现一个简单的计算器，首先我们要编写前端的页面。以苹果系统自带的计算器作为标准来实现我们的计算器，首先需要利用 HTML 和 CSS 编写一个样式与其基本相同的计算器页面，具体前端代码如下：

```
<!DOCTYPE html>
<html>

<head>
<meta charset="utf-8" />
<meta http-equiv="X-UA-Compatible" content="IE=edge">
<title>Calculator</title>
<meta name="viewport" content="width=device-width, initial-scale=1">
<link rel="stylesheet" type="text/css" href="style.css" />
    <script src="http://ajax.googleapis.com/ajax/libs/jquery/3.3.1/jquery.min.js">
    </script>
<script src="calculator.js"></script>
</head>

<body>
<div class="main-panel">
<div class="title">
          JavaScript计算器
</div>
<div class="show-panel">
<span id="res">0</span>
</div>

<div class="num-panel">
<table>
<tr>
<td>
<button id="ACbtn" onclick="AC()">AC</button>··1
</td>
<td>
<button onclick="PorN()">+/-</button>
</td>
<td>
<button onclick="percent()">%</button>
</td>
</tr>
<tr>
<td>
<button onclick="num(7)">7</button>
</td>
<td>
<button onclick="num(8)">8</button>
```

```
</td>
<td>
<button onclick="num(9)">9</button>
</td>
</tr>
<tr>
<td>
<button onclick="num(4)">4</button>
</td>
<td>
<button onclick="num(5)">5</button>
</td>
<td>
<button onclick="num(6)">6</button>
</td>
</tr>
<tr>
<td>
<button onclick="num(1)">1</button>
</td>
<td>
<button onclick="num(2)">2</button>
</td>
<td>
<button onclick="num(3)">3</button>
</td>
</tr>
<tr>
<td>
<button class="num0" onclick="num(0)">0</button>
</td>
<td></td>
<td>
<button onclick="point()">.</button>
</td>
</tr>
</table>

</div>

<div class="opt-panel">
<table>
<tr>
<td>
<button onclick="opt('/')">÷</button>
</td>
</tr>
<tr>
<td>
<button onclick="opt('*')">×</button>
</td>
</tr>
<tr>
<td>
<button onclick="opt('-')">-</button>
</td>
</tr>
<tr>
<td>
<button onclick="opt('+')">+</button>
```

```
</td>
</tr>
<tr>
<td>
<button onclick="opt('=')">=</button>
</td>
</tr>
</table>
</div>
</div>
</body>

</html>
```

该 HTML 页面的 CSS 样式文档 style.css 内容如下：

```
.main-panel {
    width: 300px;
    height: 300px;
    margin-left: 550px;
    margin-top: 80px;
    border: 2px solid #0f0f0f;
}

.title {
    width: 100%;
    height: 33px;
    background-color: darkgrey;
    text-align: center;
    line-height: 30px;
}

.show-panel {
    width: 100%;
    height: 45px;
    background-color: bisque;
    font-size: 33px;
    text-align: right;
    line-height: 45px;
}

#res {
    margin-right: 8px;
}

.num-panel {
    display: inline-block;
    margin: 0;
    width: 225px;
    height: 222px;
    float: left;
    background-color: ivory;
}

.opt-panel {
    display: inline-block;
    margin: 0;
    width: 75px;
    height: 222px;
    float: left;
```

```
    background-color: cornsilk;
}

tr {
    width: 100%;
}

td {
    width: 75px;
    height: 40px;
    text-align: center;
}

button {
    width: 100%;
    height: 100%;
    font-size: 16px;
}

.num0 {
    width: 207%;
}
```

最终呈现出的页面效果如图 7.1 所示。

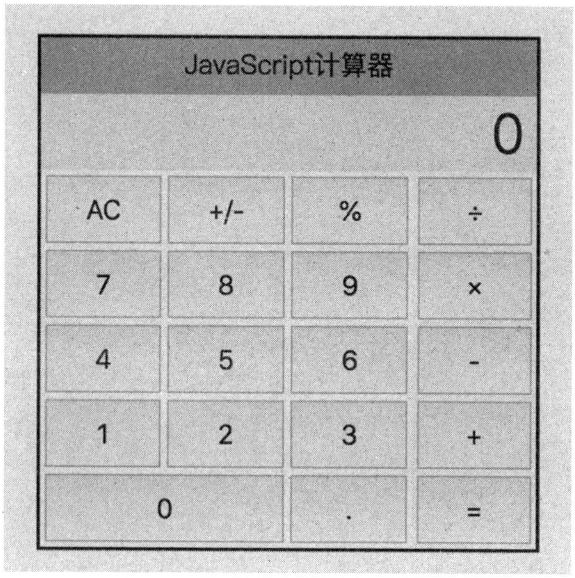

JavaScript计算器			
			0
AC	+/-	%	÷
7	8	9	×
4	5	6	-
1	2	3	+
0		.	=

图 7.1　页面效果 7.1

计算器包括了加、减、乘、除、求百分数、切换正负数、恢复初始化 7 个功能。其中"AC"按钮的功能是初始化计算器，能够使其恢复初始状态；"+/-"按钮能够使当前的数值取其反数（即其为正数时转变为负数，而为负数时转变为正数）；"%"按钮能够使当前的数值取其百分数，即除以 100。用户在使用该计算器时，首先输入第一个数字，然后输入运算方法，再输入第二个数字，最后单击"="按钮或者其他运算符按钮即可在显示面板中显示运算结果。

对于数字按钮，当单击时需要区分以下两种情况，一种是连续输入数字状态，一种是重新输入数字状态。当用户第一次输入一个数字时，处于重新输入数字状态下，当用户第一次单击了数字按钮之后就会进入连续输入数字状态，输入的数字会添加在面板中显示的数字末尾。当用户输入完毕一个数字后，单击运算符按钮（加、减、乘、除）后又进入重新输入数字状态，此时用户再单击数字按钮则会将原来的数字保存后在面板中清空，只显示用户新输入的数字，此时继续进入连续输入数字状态。

对于运算符按钮，当第一次单击时会保存当前面板中的数字以及当前的运算符，当第二次单击时如果用户输入了第二个数字就会对两个数字进行计算，把结果显示在面板中。当第二次单击的运算符不是“=”而是其他运算符时把结果数据作为运算的第一个数保存，并保存新输入的运算符。

根据以上的介绍，我们首先需要设置一个标识符 ifClickOpt 来判断当前的输入状态以及 lastClick 来存储上一个按钮输入的内容，还需要设置一个变量 option 来保存需要进行的运算。对于数字，我们则是需要设置两个变量 ori 和 cur 来分别保存之前已经保存的数值和当前正在输入的数值。其中变量 cur 是字符串类型，方便在输入数字时添加到末尾；而 ori 则是数字类型，当完成了数字输入后将当前的 cur 转换为数字类型保存到 ori 中方便计算。当需要计算时，创建一个计算函数 cal()来对保存的数据进行计算。因此对于该计算机的 input()函数和全局变量的具体代码如下：

```
var ori = 0,cur="0";
var ifClickOpt = false;
var option = "+";
var lastClick = 0;

function input(ch){
    if(isNaN(ch))
    {
        if(isNaN(lastClick))
        {
            option = ch;
        }

        else{
            if(ifClickOpt){
                cal();
                cur="0";
                if(ori>999999999999 || ori<-99999999999)
                {
                    $("#res").html("数字过长");
                    ori = 0, cur = "0";
                    ifClickOpt = false;
                    option = "";
                }
                else{
                    var oriStr = ori.toString();
                    if(oriStr.length>12)
                    {
                        oriStr = ori.toPrecision(12);
                    }

                    if(oriStr.length == 12 || oriStr.length == 13)
                    {
                        while(oriStr.charAt(oriStr.length-1) == '0')
```

```
                        {
                            oriStr = oriStr.substring(0,oriStr.length-2);
                        }
                    }
                    $("#res").html(oriStr);
                }
                option = ch;
            }
            else{
                ifClickOpt = true;
                ori = parseFloat(cur);
                cur = "0";
                option = ch;
            }
        }
    }
    else{
        if(cur=="0")
        {
            cur = ""+ch;
            $("#res").html(cur);
        }
        else{
            if(cur.length<13)
            {
                cur+=ch;
                $("#res").html(cur);
            }
        }
    }
    lastClick = ch;
}
```

代码中将 ori 初始化为数字 0，而 cur 则初始化为字符串类型的"0"，将 option 初始化为“+”操作，因为当输入第一个数字后，单击操作符按钮时就可以自动计算 cur 与 0 的和，这样得到的还是 cur 的值，然后将其保存到 ori 中。需要注意的是，因为显示面板的长度最多只能容纳 13 个数字，因此我们在显示时，当输入长度超过 13 个字符时则不能输入。当计算结果的长度大于 13 个字符时，如果数值超过 12 个字符能承载的最大数值则显示数字过长；而对于小数，则将其保留 13 个有效数字。

对于 cal()函数，就是对两个数字进行计算并把结果保存到 ori 中，其中因为 cur 为字符串类型，在使用时需要对其进行类型转换。需要注意的是，进行除法运算时的除数不能为 0，遇到这种情况需要对其进行处理，具体代码如下：

```
function cal(){
    if(cur=="")
    {
        cur = "0";
    }
    switch(option){
        case '+':
            ori+=parseFloat(cur);
            break;
        case '-':
            ori-=parseFloat(cur);
            break;
```

```
            case '*':
                ori*=parseFloat(cur);
                break;
            case '/':
                if(parseFloat(cur) == 0.0)
                {
                    alert("除数不能为0");
                    ori = 0;
                    cur = "0";
                    ifClickOpt = false;
                    option="";
                }
                else{
                   ori/=parseFloat(cur);

                }
                break;
        }
    }
```

对于 AC 按钮，当被单击时直接初始化，将面板清空，把全局变量全部设置为初始值，具体代码如下：

```
    function AC(){
        ori = 0;
        cur="0";
        ifClickOpt = false;
        option = "+";
        lastClick = 0;
        $("#res").html("0");
    }
```

对于“.”按钮，需要在当前的数字末尾添加小数点，具体代码如下：

```
    function point(){
        if(cur == "0")
        {
            cur = "0.";
        }
        else{
            cur+=".";
        }
        $("#res").html(cur);
    }
```

对于“+/_”和“%”按钮，在单击时需要判断当前显示的数是属于 cur 还是属于 ori，然后再对其进行相应的操作，具体代码如下：

```
    function PorN(){
        if(cur!="0")
        {
            var sym = cur.charAt(0);
            if(sym == '-')
            {
                cur = cur.substring(1, cur.length-1);
            }
            else{
                cur = "-"+cur;
```

```
        }
        $("#res").html(cur);
    }
    else{
        ori = -ori;
        $("#res").html(ori);
    }
}

function percent(){
    if(cur!="0")
    {
        cur = parseFloat(cur)/100+"";
        $("#res").html(cur);
    }
    else{
        ori = ori/100;
        $("#res").html(ori);
    }
}
```

完整的 calculator.js 文档内容如下：

```
var ori = 0,cur="0";
var ifClickOpt = false;
var option = "+";
var lastClick = 0;

function input(ch){
    if(isNaN(ch))
    {
        if(isNaN(lastClick))
        {
            option = ch;
        }

        else{
            if(ifClickOpt){
                cal();
                cur="0";
                if(ori>999999999999 || ori<-99999999999)
                {
                    $("#res").html("数字过长");
                    ori = 0, cur = "0";
                    ifClickOpt = false;
                    option = "";
                }
                else{
                    var oriStr = ori.toString();
                    if(oriStr.length>12)
                    {
                        oriStr = ori.toPrecision(12);
                    }

                    if(oriStr.length == 12 || oriStr.length == 13)
                    {
                        while(oriStr.charAt(oriStr.length-1) == '0')
                        {
                            oriStr = oriStr.substring(0,oriStr.length-2);
                        }
```

```
                    }
                    $("#res").html(oriStr);
                }
                option = ch;
            }
            else{
                ifClickOpt = true;
                ori = parseFloat(cur);
                cur = "0";
                option = ch;
            }
        }
    }
    else{
        if(cur=="0")
        {
            cur = ""+ch;
            $("#res").html(cur);
        }
        else{
            if(cur.length<13)
            {
                cur+=ch;
                $("#res").html(cur);
            }
        }
    }
    lastClick = ch;
}

function cal(){
    if(cur=="")
    {
        cur = "0";
    }
    switch(option){
        case '+':
            ori+=parseFloat(cur);
            break;
        case '-':
            ori-=parseFloat(cur);
            break;
        case '*':
            ori*=parseFloat(cur);
            break;
        case '/':
            if(parseFloat(cur) == 0.0)
            {
                alert("除数不能为0");
                ori = 0;
                cur = "0";
                ifClickOpt = false;
                option="";
            }
            else{
              ori/=parseFloat(cur);

            }
            break;
    }
}
```

```
function point(){
    if(cur == "0")
    {
        cur = "0.";
    }
    else{
        cur+=".";
    }
    $("#res").html(cur);
}

function PorN(){
    if(cur!="0")
    {
        var sym = cur.charAt(0);
        if(sym == '-')
        {
            cur = cur.substring(1, cur.length-1);
        }
        else{
            cur = "-"+cur;
        }
        $("#res").html(cur);
    }
    else{
        ori = -ori;
        $("#res").html(ori);
    }
}

function percent(){
    if(cur!="0")
    {
        cur = parseFloat(cur)/100+"";
        $("#res").html(cur);
    }
    else{
        ori = ori/100;
        $("#res").html(ori);
    }
}

function AC(){
    ori = 0;
    cur="0";
    ifClickOpt = false;
    option = "+";
    lastClick = 0;
    $("#res").html("0");
}
```

习　　题

1. 扩充本章的计算器，使之支持 sqrt 运算，支持科学记数法，支持向下取整、向上取整、四舍五入等运算。

2. 使用 jQuery 和 div 实现“别踩白块”游戏。

参 考 文 献

[1] 刘志勇，王文强，等. JavaScript 从入门到精通[M]. 北京：化学工业出版社，2009.
[2] 曾光，马军. JavaScript 入门与提高[M]. 北京：科学出版社，2008.
[3] 鲍尔斯. JavaScript 学习指南[M]. 2 版. 李荣青，吴兰陟，申来安，译. 北京：人民邮电出版社，2009.
[4] 聚慕课教育研发中心. JavaScript 从入门到项目实践（超值版）[M]. 北京：清华大学出版社，2018.
[5] 单东林，张晓菲，魏然，等. 锋利的 jQuery[M]. 2 版. 北京：人民邮电出版社，2012.
[6] 辛普森（Kyle Simpson）. 你不知道的 JavaScript（上卷）. 赵望野，梁杰，译. 北京：人民邮电出版社，2015.
[7] 辛普森（Kyle Simpson）. 你不知道的 JavaScript（中卷）. 单业，姜南，译. 北京：人民邮电出版社，2016.
[8] 辛普森（Kyle Simpson）. 你不知道的 JavaScript（下卷）. 单业，译. 北京：人民邮电出版社，2018.